ENTERING
LIFE SCIENCE

Competition article

走进生命科学

竞赛篇

袁小凤　窦晓兵　吴　敏　黄燕芬 / 编

ZHEJIANG UNIVERSITY PRESS
浙江大学出版社 ｜ 全国百佳图书出版单位

图书在版编目（CIP）数据

走进生命科学：竞赛篇 ／ 袁小凤等编. — 杭州：
浙江大学出版社，2019.9
ISBN 978-7-308-19536-2

Ⅰ.①走　Ⅱ.①袁…　Ⅲ.①生命科学－高等学校－
教学参考资料　Ⅳ.①Q1-0

中国版本图书馆CIP数据核字（2019）第197758号

走进生命科学——竞赛篇

袁小凤　窦晓兵　吴　敏　黄燕芬　编

责任编辑　季　峥（really@zju.edu.cn）
责任校对　杨利军　陈　欣
封面设计　北京春天
出版发行　浙江大学出版社
　　　　　（杭州市天目山路148号　邮政编码310007）
　　　　　（网址：http://www.zjupress.com）
排　　版　杭州兴邦电子印务有限公司
印　　刷　杭州高腾印务有限公司
开　　本　710mm×1000mm　1/16
印　　张　11.5
字　　数　170千
版 印 次　2019年9月第1版　2019年9月第1次印刷
书　　号　ISBN 978-7-308-19536-2
定　　价　49.90元

序

    生命科学竞赛的开展为高校学生专业兴趣的培养提供了一个很好的平台。它有利于学生的全面发展，提高学生的创新意识、实践能力、团队意识、学习热情等。该竞赛的特色鲜明，它借助第三方平台、开放的研究命题、重结果更重过程，充分体现企业、高校、导师和学生的密切互动。这些都赋予该竞赛很强的生命力，从浙江省赛十年越来越大的发展规模，从浙江省赛发展到国赛的进程中可见一斑。

    该书向读者详细介绍了竞赛的发展过程，竞赛的章程和规则，如何备赛，并选登了部分优秀竞赛作品，可以让学生更深入了解竞赛，并为教师指导竞赛提供帮助。该书可以作为大家走进生命科学，特别是大学生生命科学竞赛的一本指导书，也可以作为学生竞赛类指导教材。

    作为浙江省赛秘书长单位及第一届国赛的承办单位，浙江中医药大学工作的仔细和认真，给我留下了深刻的印象。因此，在受到写序邀请时，我爽快地答应了，不为别的，只希望生命科学竞赛能得到各高校、老师和学生的重视，并愿意积极参与其中，让它切实发挥应有的作用。

乔守怡

2019 年 7 月 19 日

前　言

  学科竞赛是深化高校创新创业教育改革的一个重要举措。事实证明,通过学科竞赛的历练,学生的创新和创业能力都得到了极大的提高。浙江省大学生生命科学竞赛历经10年发展,已自成体系和风格,影响力逐年扩大,并为全国大学生生命科学竞赛提供了很好的经验和范本。全国大学生生命科学竞赛延续了浙江省大学生生命科学竞赛的体系,从2017年开始举办,第一届就有全国263所高校1903支队伍参加,取得了"开门红",至2019年,已经发展成有全国411所高校5167支队伍参加的赛事。随着规模的扩大,越来越多的老师和学生希望更深入地了解并参与竞赛。基于此,我们编写了这本书,主要介绍了竞赛的概况、规则、组织管理、准备事项与方法,选登了部分优秀竞赛作品并进行点评。通过阅读这本书,老师可以了解怎么指导学生,学生可以知道该怎么去为竞赛做准备。本书可以作为大家走进生命科学,特别是大学生生命科学竞赛的一本指导书,也可以作为学生竞赛类教材。

  最后,要感谢浙江省各兄弟院校的大力支持,没有各位的帮助和支持,大学生生命科学竞赛走不了这么远。谨以此书献给帮助过我们的人!

  由于编者水平有限,不足之处在所难免,希望读者批评指正。

目 录
CONTENTS

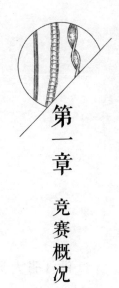

第一章 竞赛概况

第一节

竞赛的发展历史

1. 浙江省大学生生命科学竞赛的发展

2009年,第一届浙江省大学生生命科学竞赛,竞赛命题为"自然界中产淀粉酶(或蛋白酶)菌株的分离鉴定及提高产酶能力的研究"。竞赛总评分包括综合分(占60%)、微生物学科知识竞赛得分(占40%)。竞赛综合分为100分,具体包括:作品10分、实验设计30分、实验记录20分、论文20分、现场答辩20分。第一届竞赛共33所高校46支队伍280余名学生参加,设一等奖5%、二等奖15%、三等奖25%。第一届竞赛非常成功,并开发了一个竞赛平台,用以记录竞赛全过程,以便评委客观、全面地掌握各参赛队竞赛过程。

至2018年,浙江省大学生生命科学竞赛已举办了十届,竞赛规模越来越大,参与学校已增加到52所,参与学生达到近5000人。

2. 全国大学生生命科学竞赛的发展

由于浙江省大学生生命科学竞赛非常成功,2016年12月,在教育部大学生物学课程教学指导委员会的大力支持下,经课程教指委提议,在温州大学召开了全国大学生生命科学竞赛第一次筹备会。43名专家学者参加了此次会议,观摩了第八届浙江省大学生生命科学竞赛决赛,一致赞同由《高校生物学教学研究(电子版)》编辑部、教育部高校生物科学类专业教学指导委员会,教育部高校生物技术、生物工程类专业教学指导委员会,教育部大学生物学课程教学指导委员会联合举办全国大学生生命科学竞赛,成立全国大学生生命科学竞赛委员会和全国大学生生命科学竞赛执行委员会,开展相关工作。

2017年3月17—19日,在浙江海洋大学召开了全国大学生生命科学竞赛第二次筹备会。全国18所高校的20名专家学者参加了此次会议,讨论决定了全国大学生生命科学竞赛章程、竞赛网络平台、评分标准、赛事安排等。

2017年9月27—28日,在复旦大学召开了全国大学生生命科学竞赛第三次筹备会,20多位专家学者参加会议。会议讨论并通过:①第一届大学生生命科学竞赛网络评比标准和方法;②竞赛奖项设置与相关规定;③竞赛网络评比委员会、监督与仲裁委员会的组成;④网络评比专家的推荐工作;⑤决赛的相关事宜等。

2017年4月,第一届全国大学生生命科学竞赛正式启动,共有263所高校1903支队伍报名参加,其中,浙江773支,河南281支,湖北128支,山东107支,江西78支,安徽67支,上海62支,其他省(自治区、直辖市)407支。各省(自治区、直辖市)代表队将研究综述、实验设计、实验记录、实验心得及研究论文等材料上传到统一竞赛平台,先由本省(自治区、直辖市)专家进行网络评比,再经过全国专家的网络评比及竞赛评审委员会、执行委员会审定,根据决赛和网络评比结果,最终决出一等奖50个、二等奖150个、三等奖300个及优胜奖300个。

1. 浙江省大学生生命科学竞赛的组织机构

竞赛委员会:负责制定竞赛章程、方案,指导专家委员会设计评审标准,组织评审工作和认定评审结果;对有争议的事项进行仲裁;对竞赛组织工作进行监督和指导。本届专家委员会仅对本届竞赛的比赛过程负责。

竞赛秘书处:秘书处设在浙江中医药大学,由该校教务处和生命科学学院具体承担竞赛的组织工作、日常事务。竞赛的决赛由各校轮流承办。

竞赛专家委员会:全省高校推荐选举产生。

竞赛仲裁委员会:由竞赛委员会和竞赛专家委员会组成。

2. 全国大学生生命科学竞赛的组织机构

全国大学生生命科学竞赛主办单位为大学生生命科学竞赛委员会,由大学生生命科学竞赛倡议单位主要成员组成,负责制定竞赛章程、方案,指导评审委员会制定评审标准,组建当届大学生生命科学竞赛执行委员会,对竞赛组织工作进行监督和指导。当届的大学生生命科学竞赛执行委员会,负责制定本届竞赛方案,成立评审委员会,对有争议事项进行仲裁,对竞赛组织工作进行监督和指导。秘书处单位是《高校生物学教学研究(电子版)》编辑部和浙江大学国家级生物学实验教学示范中心。

3. 评比内容

竞赛对象为高等学校普通全日制本、专科在校学生,每支参赛队由4～5名队员组成,每队可聘1～2名指导老师。每年由竞赛专家委员会提供研究主题,要求学生围绕主题开展自主性设计实验或野外调查工作。各参赛学生利用课余时间进行实验设计,开展实验研究或野外调查,记录实验或调查过程,获得实验或调查结果,形成作品,撰写论文,实时上传到竞赛网络平台。学生形成作品之后,开始进行评比。专家委员会根据网络评比成绩确定参加现场答辩的参赛队伍。

竞赛评比包括两大方面:一是网络评比,占70%;二是现场答辩(决赛),占30%。由网络评比成绩决定参加决赛的队伍,最终成绩由网络评比和现场答辩成绩的总和组成。

4. 历届竞赛获奖情况

(1) 浙江省大学生生命科学竞赛

从2009年至2018年,浙江省大学生生命科学竞赛共举办了10届(见表1-1),参与学校从第一届的23所增加到第十届的40所;参与学生数从最初的280人增加到4680人;参加对象不仅包括浙江省内高校学生,也包括山东、江苏、上海等高校学生;不仅包括一本、二本的学生,还包括三本以及高职高专学生;不仅有中国学生,还有外国留学生。竞赛的知名度、影响力大幅提升,覆盖面也大大增加。浙江省大学生生命科学竞赛每年还会根据竞赛组织情况和获奖情况评选优秀组织奖,并不定期地组织优秀指导老师评选工作。

表1-1 浙江省大学生生命科学竞赛历年情况

届数	年份	承办学校	选题学科领域	参赛学校/所	参赛队伍/支	参赛人数/人	一等奖/项	二等奖/项	三等奖/项
一	2009	浙江中医药大学	微生物	33	46	280	3	7	12

届数	年份	承办学校	选题学科领域	参赛学校/所	参赛队伍/支	参赛人数/人	一等奖/项	二等奖/项	三等奖/项
二	2010	浙江中医药大学	生化与分子生物学	32	52	400	5	11	18
三	2011	浙江中医药大学	遗传学、生态学	33	139	500	7	19	30
四	2012	浙江农林大学	生物安全	36	221	930	15	28	47
五	2013	中国计量学院	生物综合	38	345	1600	26	45	76
六	2014	浙江理工大学	生物与健康	42	475	2300	36	69	113
七	2015	宁波大学	生物与环境	43	659	3200	48	90	142
八	2016	温州医科大学	生命科学	52	925	4620	74	138	231
九	2017	浙江师范大学	生命科学	40	874	4350	70	131	219
十	2018	温州大学	生命科学	40	936	4680	50	100	200

（2）全国大学生生命科学竞赛

第一届全国大学生生命科学竞赛的举办得到了全国高校的大力支持，除了海南、西藏和青海没有高校参加，其余省（自治区、直辖市）均有队伍参赛。为了鼓励更多的省（自治区、直辖市）高校参加竞赛，该届浙江省参赛队伍占总参赛队伍的比例为40.6%，但奖项数占总奖项数的25%（其中，一、二等奖共50支，三等奖75支，优胜奖75支，入围决赛25支）。进入决赛的队伍，不再按地区分配一等奖的名额。此外，其他省（自治区、直辖市）的参赛队伍占总参赛队伍的比例为59.4%，奖项数占总奖项数的75%（其中，一、二等奖共150支，三等奖225支，优胜奖225支，入围决赛83支）。除浙江省外，凡是组织3支及以上参赛队伍的高校，至少获得一个优胜奖；组织10支及以上参赛队伍的高校至少获得一个三等奖；每所高校入围决赛的队伍上限为3

支。依据以上竞赛规则,经过全国各省(自治区、直辖市)专家评分、竞赛评审委员会和执行委员会审定,共评出76所高校的108支队伍参加决赛答辩,具体见表1-2。与浙江省大学生生命科学竞赛不同的是,全国大学生生命科学竞赛没有组织奖。

表1-2　第一届全国大学生生命科学竞赛获奖情况

省份	参赛队伍/支	一、二等奖/项	三等奖/项	优胜奖/项	入围决赛队伍/支
浙江	773	50	75	75	25
河南	281	37	56	56	19
湖北	128	17	26	26	9
山东	107	14	21	21	7
江西	78	10	16	16	5
安徽	67	9	13	13	4
上海	62	8	12	12	4
其他	407	55	81	81	35
总计	1903	200	300	300	108

5. 竞赛特色

(1) 选题开放,覆盖生命科学各领域

竞赛内容涵盖生命科学学科的各个领域,每年定一个大主题,不限专业,不限形式,没有统一答案,体现了学科竞赛培养创新和发散思维的理念和宗旨。

(2) 重视过程培养,依托竞赛网络平台实时上传数据

竞赛历时7~8个月,参赛学生每做一次实验,两天内要在竞赛网络平台上提交实验日志,分析实验成败原因和上传实验数据。重视过程培养,体现了学科竞赛培养科学思维和求真务实的科学态度的理念和宗旨。

(3) "人情味儿"浓厚

在答辩时加入了独有的心得体会环节。不少学生回首过去,热泪盈眶,回忆7个月与老师、队友的朝夕相处,体会科研训练过程中的艰辛与坎坷,

感慨每一个冰冷数字后收获的喜悦与成功。

(4) 参赛面广,影响力逐年扩大

竞赛不仅吸引了生物科学、生物技术、生物工程等传统生物类专业的学生,而且吸引了临床医学、药学、医学检验、食品科学与工程、制药工程、海洋科学等相关专业或交叉学科的学生参赛。此外,还有许多来自非洲、东南亚国家的外国留学生参赛。

(5) 公平公正

竞赛有完善的竞赛章程、竞赛规则、申诉与仲裁办法、竞赛流程,并对志愿者、裁判专家进行统一培训,保障竞赛的公平、公正、公开。邀请资深教授作为竞赛专家组组长,严格遵守第三方评审原则,采取了第三方、匿名、双盲、回避、现场信号屏蔽、午间不离场、网络评比和现场评比专家不重复等制度,体现了学科竞赛公平公正的理念和宗旨,推动了竞赛健康持续发展。虽然竞争激烈,但学生、老师们对竞赛结果极为认同,会后各参赛队师生们相互取经,加深了友谊。

(6) 双向互动,竞赛与教学改革相呼应

浙江省大学生生命科学竞赛是在浙江省生命科学院(系)协作会的领导下开展的。在一年一度的院(系)协作会上,参会老师们对竞赛工作进行分析,相互交流和学习,体现了以赛促教、以赛促学的宗旨和理念,共同推进生命科学教育事业的发展。竞赛结束后召开评委会,每个答辩小组组长都对竞赛做了点评,对竞赛的组织工作提出宝贵的意见和建议。同时,竞赛排名前二的两个团队进行公开答辩表演展示,无不体现以赛促教、以赛促学、共同促进人才培养的竞赛理念。

第二章 竞赛章程与规则

第一节

竞赛章程

一、总则

第一条　大学生生命科学竞赛是由《高校生物学教学研究(电子版)》编辑部、教育部高校生物科学类专业教学指导委员会,教育部高校生物技术、生物工程类专业教学指导委员会,教育部大学生物学课程教学指导委员会和共同发起,并由大学生生命科学竞赛委员会设立的大学生课外学术科技活动竞赛,每年举办一届。

第二条　竞赛的宗旨:崇尚科学、热爱科学、勇于创新、迎接挑战。

第三条　竞赛的目的:引导和激励高等学校大学生崇尚科学、热爱科学、勇于创新、迎接挑战,培养学生创新能力和创新思维,提高高等学校生命科学类专业人才培养质量。

第四条　竞赛的基本方式:高等学校在校学生围绕生命科学相关领域的科学问题,开展自主性设计实验或野外调查,寻找解决生命科学问题的有效方法及防控措施。通过生命科学竞赛网络平台报名、提交综述、立项、设计试验、记录实验过程和提交论文。根据网络评比成绩,确定参加决赛的参赛队伍。参加决赛队伍的成绩,由网络评比成绩(占70%)和现场答辩成绩(占30%)两部分组成。

二、组织机构及其职责

第五条　成立大学生生命科学竞赛委员会,由大学生生命科学竞赛倡议单位主要成员组成,负责制定竞赛章程、方案,指导评审委员会制定评审标准,组建当届大学生生命科学竞赛执行委员会,并对竞赛组织工作进行监督和指导。

第六条　竞赛委员会下设秘书处。秘书处设在《高校生物学教学研究(电子版)》编辑部和浙江大学国家级生物学实验教学示范中心,负责组织当届竞赛执行委员会和指导竞赛工作。当届执行委员会负责承担当年的竞赛组织工作、日常事务、专家组会议,并向竞赛委员会报告工作。

第七条　竞赛设立评审委员会。评审委员会设主任1名、常务副主任2名、副主任若干名、秘书长1名。评审专家为由各参赛学校推荐的具有高级职称的相关学科教师,开展竞赛的评审工作。

三、参赛资格

第八条　全日制非成人教育的各类高等学校在校本、专科生都可组队申报参赛,参赛资格由所在学校确认。

第九条　参加大学生生命科学竞赛的高等学校组织本校参赛队伍在"大学生生命科学竞赛网络平台"(www.zubc.zju.edu.cn)上报名,按要求提交全程工作记录。

第十条　每支参赛队伍由1～2名指导老师和不超过5人的学生组成。指导老师必须是参赛队所在学校的正式在编教师,每位老师指导的参赛队伍数不能超过2支,且只能作为1支参赛队伍的第一指导老师。

第十一条　原则上要在各省(自治区、直辖市)大学生生命科学竞赛的基础上,根据各省(自治区、直辖市)预赛队伍的数量,按比例推荐参赛队伍参加大学生生命科学竞赛的决赛。如果没有省(自治区、直辖市)级竞赛,可以直接在竞赛网络平台上报名参赛,按比例选拔队伍参加大学生生命科学竞赛的决赛。

四、竞赛内容和程序

第十二条　大学生生命科学竞赛主题要适合生命科学及相关各领域的学生参与。

第十三条　竞赛网络评比内容包括立项报告(研究综述、实验设计)、实验过程及记录、论文评阅等,入围决赛的需要现场答辩。

五、竞赛时间安排

第十四条　4月份开始网络报名,5月份报名截止。

第十五条　从报名之日起至10月中旬,各参赛队伍要按要求在竞赛网络平台上先递交研究综述和竞赛设计各1份,然后才能上传实验记录。

第十六条　10月下旬进行网络评比。

第十七条　10月底或11月初进行大学生生命科学竞赛的决赛。

六、奖励

第十八条　大学生生命科学竞赛评审委员会对参赛作品进行预审,根据网络评比成绩评出100份入围作品参加决赛,最终决出一等奖、二等奖和三等奖,各奖项比例由竞赛委员会根据比赛情况而定。

第十九条　获奖的作品全部在竞赛网络平台上公示,确认资格有效的,由大学生生命科学竞赛委员会向参赛者颁发获奖证书。

七、附则

第二十条　承办竞赛的学校应提前一年向竞赛委员会提出申请,由竞赛委员会按程序产生下届承办单位。

第二十一条　竞赛专用网络平台为www.zubc.zju.edu.cn,由竞赛委员会委托第三方建设和维护。

第二十二条　本章程自竞赛委员会审议通过之日起生效,由竞赛委员会负责解释。

第二节

竞赛规则

1. 浙江省大学生生命科学竞赛规则

◇**学科分类** 竞赛报名时要求学生根据自己的参赛内容,从以下学科选项中选择两个专业,以方便分配评审专家:植物学、动物学、微生物学、生态学、植物生理学、动物生理学、水生生物学、遗传学、细胞生物学、生物化学与分子生物学、食品科学与工程、药学、农产品加工与营养、天然产物开发利用、检测与检验、其他。

◇**项目信息** 规范项目信息,报名时队名由网络系统提供,按报名顺序统一编号。项目名称、队伍成员和指导老师的信息在网络评比开始前可修改,网络评比开始后不能修改。

◇**管理员权限** 每个学校设一位管理员,管理员负责本校参赛队伍的信息审核,可以下载本校所有队伍的信息。

◇**参赛限项** 每年每位老师最多只能指导2支参赛队伍,且只能作为1支参赛队伍的第一指导老师。每支参赛队伍学生数不超过5名。每个学校参赛队伍不能超过40支。从2018年开始,每个学生不论是队长还是队员,在校期间只能参加一次浙江省大学生生命科学竞赛,具体由各学校管理员审核。

◇**决赛队伍** 经过网络评比,按照网络评比成绩取100支队伍进入决赛。每个参赛学校不超过5支队伍进入决赛。

◇**材料上传** 上传顺序为:研究综述→实验设计方案→实验记录→实验心得→论文。所有资料一旦上传,不能修改。竞赛的内容必须在竞赛期间完成。研究综述和实验设计方案上传设定截止日期,只有上传了综述和设计方案后才能上传实验记录。实验记录实时上传,每天最多上传1份,字数不超过500字,实验结果和分析以图片或数据文字的格式通过附件上传,附件不能再传实验过程。

◇**信息规避** 在材料递交及实验过程中,系统智能检索敏感词(如涉及学校信息、老师信息、队伍信息、学生信息等),并在所有上传页面之前都有信息泄露提醒框。网络评比时若发现项目中信息泄露,该项目将为零分。

◇**专家评审** 优先选择与参赛队实验研究方向匹配度较高的专家。每支队伍由5位专家评审打分,去掉1个最高分和1个最低分,网络评比最终成绩为3位专家的平均分。统计3位专家评审误差比例,设置打分极差,如果3位专家的分值相差超过10分,将请第6位专家评审打分,重新计算平均分。专家评审结束后,系统自动生成一份成绩单,要求每位专家在成绩单签字,扫描后第一时间发到竞赛秘书处,由秘书处存档,以备审核。

◇**网络监督** 在网络评比过程中,网络平台系统及时评估评审专家的工作。网络评比中出现零分时,要求评审专家填写原因,并请评审委员会的地区负责人确认。每年统计分析每位专家的评审质量,并在竞赛委员会内公布和讨论评审质量,对于不认真负责的评审专家,将不再聘任。

◇**答辩材料** 从网络平台统一下载所有参加决赛项目的研究综述、实验设计方案、实验记录和论文,每个项目资料放入一个文件夹,由承办决赛单位负责打印每个项目的相关内容。

◇**奖项设置** 一等奖5%,二等奖10%,三等奖20%(每年的获奖比例可能会随实际情况发生些许变化)。若1个学校有3支有效队伍,则该校的1支队伍可保底获得三等奖;若1个学校有15支有效队伍,保证1支队伍进入决赛。每个学校进入决赛的队伍不超过5支。每个学校最多获3个一等奖,承办决赛单位和秘书长单位各增加1个一等奖。

◇**强调原创** 要求参加决赛队伍的所在学校负责查重,并通过网络平台提交查重报告。由决赛承办单位进行抽查,如果查重率超过30%,将取消获奖资格。

◇**数据保管**　竞赛结束后,于第一时间把所有数据交给秘书处保管。

◇**平台公示**　需要每支参赛队伍承诺其竞赛内容可以在竞赛网络平台公示,例如参赛题目、摘要和成员信息等;如果有保密内容,不建议参赛。于竞赛网络平台公开展示每个获奖队伍已发表的文章、申请的专利以及获奖情况等内容。

◇**保密协议**　与网络公司、竞赛委员会分别签订合作及保密协议。

◇**设立监督和仲裁委员会**　由秘书长单位、浙江大学、决赛承办单位各推荐1人组成监督和仲裁委员会,并设立投诉和撤销机制、奖项公示和举报制度。对竞赛过程进行监督,对于竞赛过程中出现的问题及时反馈。经证实竞赛项目作假,将取消原奖项,同时该指导老师三年内不能作为浙江省大学生生命科学竞赛的指导老师。

◇**反馈渠道**　如果评审专家在网络评比中遇到问题,可通过电子邮件以书面形式及时上报评审委员会秘书处、评审委员会主任或副主任,评审委员会将针对所提问题集中讨论,并将结果及时反馈给评审专家。

2. 全国大学生生命科学竞赛规则

因为全国大学生生命科学竞赛是在浙江省大学生生命科学竞赛的基础上发展起来的,所以两者的规则基本相同,但略有区别,每年竞赛委员会根据实际情况做相应调整。

3. 网络评比标准

网络评比的总分为100分,包括立项报告25分、实验过程及记录40分、论文35分。评审专家在评分过程中参照以下要求执行。

(1) 立项报告(25分)

研究综述1份(10分):必须围绕课题内容,阐述相应领域的最新研究进展。须附上相关的参考文献,字数3000~6000字(参考文献不计算在内),

要求内容切题、信息正确、写作规范。

实验设计方案1份(15分):应包括实验的研究目的与意义、研究内容、实验方案、技术路线、研究进度及预期成果。要求实验设计具有科学性、规范性和先进性,主题一旦确定,不可更改。

(2) 实验过程及记录(40分)

实验过程及记录要求尊重事实,认真严肃地在网络平台上记载实验数据和细节。在上传之前,参赛队需要确认上传实验记录的真实性。要求在实验当天及时上传实验过程记录和实验结果,每天最多上传2次,上传总字数控制在500字以内。实验过程中出现失误或失败的,只要分析清楚,不影响得分。此外,课题结束后需上传参加本次比赛的心得体会,字数不超过500字,上传后不能修改。

(3) 论文(35分)

在上述实验的基础上形成论文,格式参照《生态学报》的要求。论文正文为4页(包括标题、中文摘要、正文和图表,不需要英文摘要),其中参考文献不算在4页之内(参考文献中的中文文献不要求翻译成英文)。评审扣分时,多1页扣3分,多2页扣6分,依此类推。

在完成所有实验记录和论文上传以后,需要再上传一个"参加本次竞赛的心得体会",字数不超过500字,占5分。

扣分标准如下:

①信息泄露以总分零分处理。在所有上传资料中均不能出现参赛队伍信息,包括校名、队名、学生及指导老师等相关信息,一旦发现,网络评比总分做零分处理。

②论文版面超出规定扣分。正文只能有4页,包括中英文标题、中文摘要、正文和图表,参考文献不超过1页。评审扣分时,多1页扣3分,多2页扣6分,依此类推。

③过度包装,过度上传材料。

网络评比表及打分表见表2-1、表2-2。

表2-1 网络评比表

序号	项目名称	评议状态	PDF文件	在线评审	评审表格下载	分数
1						
2						
3						
…						

表2-2 网络评比打分表

重要指标的评价	90~100分	80~89分	70~79分	60~69分	0~59分	比例	得分
研究综述(内容切题,信息正确,写作规范)						10%	
实验设计(研究意义、应用前景、研究内容的合理性、技术路线的可行性、研究进度及预期成果、实验设计的科学性及规范化)						15%	
实验过程(实验工作量、实验技术、实验的真实性与创新性)						40%	
论文(符合学术规范)						30%	
心得与体会(实验心得与体会真实可信)						5%	
扣分项	过度上传材料(扣5~10分)						
	实验内容与记录(过程)不符合(扣10~20分)						
总评成绩							
总体评价(如打零分,要说明情况)							

4. 决赛评分标准

（1）现场答辩采取封闭答辩的形式。各参赛队只允许2名队员参加答辩，答辩陈述15分钟（超时扣分），提问10分钟。PPT中要有本次实验的心得和体会。答辩PPT中均不能出现校名、队名、指导老师等信息；如出现队员照片，不算泄露信息。

（2）决赛分10个组进行，评审专家回避本校队伍。每个评审组由4名专家组成，设组长1名，其中1名专家重点审查网络评比材料与答辩内容是否相符。

（3）每支队伍的网络评比材料（论文、实验过程记录等）由网络公司负责导出，提交答辩专家组。

（4）在答辩过程中，如果有任何疑问，及时上报监督委员会。

决赛答辩评审打分表见表2-3所示。

表2-3　决赛答辩评审打分表

评分标准				得分
实验设计科学合理，有明确的实验结果和结论（25分）				
全面深入地理解实验内容，准确回答评委的提问（25分）				
论文具有一定的学术水平或应用价值（20分）				
朴实自然，内容严谨可信，实验工作独立完成（20分）				
答辩陈述时思路清晰，语言流畅，PPT制作水平高（10分）				
总评	A（90～100分）	B（80～89分）	C（70～79分）	D（60～69分）
工作量超出本竞赛时间段工作量（扣10～30分）				
汇报超时扣分（扣1～5分）				
题目、报告内容与网络提交的评审材料不一致（扣10～30分）				
最终成绩				

注：在总评这一栏的A～D选项打"√"，并在最后一格填写具体分数。

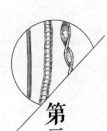

第三章　全国大学生生命科学竞赛概述

第一节

决赛现场答辩

1. 白及对 PM2.5 致肺损伤的干预作用研究

项目名称:白及对 PM2.5 致肺损伤的干预作用研究
学校名称:浙江中医药大学
参赛队员:沈颖芝、汶瑛、刘玉潇、刘婷
指导老师:丁志山、黄燕芬

顾红雅:大家应该比较关心这两支队伍是怎么选出来的,所以在点评之前,先请大赛委员会主任乔守怡教授向大家说明一下。

乔守怡:刚刚发言的是北京大学的顾红雅教授,她是全国知名的进化遗传学专家。我们在遴选的时候并不知道这两支队伍得的是什么奖,我们只是根据题目选择了看上去比较有趣的项目。我们选择的第一支队伍的研究内容不仅和细胞分子有关,而且涉及中医药的影响与作用;而另外一支队伍的选题较宏观。我们只是提了些建议,最后的决定权在台上的三位点评专家手里。

刚刚主持会议的组长是北京大学的顾红雅教授,在顾红雅教授旁边的是南京大学的校长助理陈建群教授,另一位是复旦大学的吴晓晖教授。这三位教授在他们各自的学术领域里非常有名,是非常优秀的年轻一代和中年一代的学术骨干,欢迎他们三位对两支队伍进行点评。同时,今天不是像昨天那样打分,而是对两支竞赛队伍进行评价,非常考验三位教授的水平。

顾红雅: 谢谢乔老师!我们昨天晚上选的时候并不知道这些队伍是来自哪个学校的,我们是根据综合条件选出来的,相信大家听完乔老师的介绍之后也明白整个筛选的过程了。下面请两位教授点评。

吴晓晖: 我先来讲几句。第一个课题是白及对PM2.5致肺损伤的干预作用研究,两位学生的汇报思路顺畅,结论大体上是可以接受的。我的理解是,这个课题首先讲的是用白及处理空气污染物提取液致肺损伤的动物和细胞模型,发现白及对各种损伤有一定的抑制作用;接着,通过检测处理前后一些与炎症有关的因子,发现其功能有一定的变化,由此推测白及可能通过影响炎症通路带来抑制损伤。总体上,这个课题的框架和选题都比较好。一方面,因为现在大家对PM2.5非常关注,前天我们刚到杭州的时候,就面临比较严重的污染,当然这里并不只有PM2.5;另一方面,中药也是一个非常好的选题,近年来,国家对中医药发展非常支持,刚颁布了《中医药法》。

讲完好话之后,我来讲一下不足或者是可以提高的地方。

第一,沟通的技巧。沟通的目的有两个:一要让不懂你专业的人能够知道你在做什么,认识到你工作的重要性;二要让不懂你专业的人觉得你的实验设计和研究计划是有道理的。从这两个方面来讲,课题都有一定的欠缺。我举几个例子。你们在实验计划中说要用醇提物和多糖这两个组分再加一个复方,使用这些东西的理由是什么?这在前面的陈述中并没有涉及。另外,背景介绍中你们讲了三种药:葛根、黄芪还有一个(我)一下子没记住,突然话锋一转,变成讲白及,这也是值得商榷的。如果已经有三种中药对于PM2.5造成的肺损伤有帮助,那你们为什么还要去做第四种药?你们有什么理由认为第四种药要比前面三种药好?还有,你们选了很多细胞因子,但没有交代为什么选细胞因子,也没有交代这些细胞因子在炎症或者肺损伤中有什么已知的作用。普通听众不知道你们为什么选这些细胞因子，即使是同行也不能完全认可你们选这些是有理由的。这里应该做一些补充说明。沟通中还有非常重要的一点，就是引导听众注意力的技巧。比如说，在讲到用污染的粗提物来处理小鼠时，你们说接受处理的造模组组织有黑点，给药以后黑点减少。那两个图一眼看去差别并不是很明显，应该有一些辅助措施，比如用箭头把黑点标出来。又比如后面一张包含所有细胞因子的数据图是非常复杂的，你们虽然画了两个箭头去帮助大家了解这个趋势，但一下子理解你们的判断还是很困难。这时候可以做动画，一开始的时候造模组的表达量多高，只出现一部分数据，然后干预组有多少下降，再出现另一部分数据。这容易帮助大家理解。你们的数据圆的标签也很小，我坐在台上都看不清，坐在下边的老师和同学就更难看清楚。这是第一大方面——沟通的问题。

第二，实验的可重复性。我对我课题组学生的一个非常基础的要求是必须把所有的实验记录写清楚。写清楚的衡量标准，不是让记录者当时能记住要干吗，而是要让他在五年或者十年以后，或者让别人在五年或者十年以后来看实验记录时，还能知道记录者当时是怎么想的、怎么设计实验的、怎么获得实验数据的、拿到实验数据以后又是怎么解释的。这是非常考验实验记录者的功底的。我课题组低年级研究生做的实验记录合格的不多，高年级研究生也不全是合格的。一般而言，实验记录合格的研究生往往研究进展比较好。当然，这并不是因果关系。对于你们的讲述，包括昨天晚上和今天早上翻阅你们的实验报告，我觉得里面有几条记录需要进一步细化。比如说使用的各种实验动物数量，在实验计划中有记录，但是在实验报告里没有记录，这点应该交代。再如动物的年龄及使用的一些数据统计方法，这些在今天的讲述中以及在实验报告中出现得不够甚至完全缺少。这样给别人重复你们的实验结果或理解你们的实验记录会造成一定影响。

第三，下结论，或者说准确描述各种概念的问题。总的原则应该是过头的话不讲，当然，有疑问时尤其要谨慎。我从你们的讲述中挑了几个例子，也不一定是错的，但至少我觉得不够严谨。比如说，题目叫PM2.5（细颗粒物），但你们使用的是滤网剪下来后水煮出来的物质，严格来说肯定不只是PM2.5，对不对？

学生1：我来回答一下这个问题。我们收集PM2.5的时候是用专门的大气细颗粒物采样器采集的，机器里面有个切割器，能够控制流量，能够保证我们收集到的是PM2.5。

吴晓晖：如果是这样的话，在讲述中应该强调，否则我粗一看就理解为收集的是各种大气污染物。与PM2.5相关的另外一个问题是，你们在何年何月何时何地采集的PM2.5？比如说，我们前天来杭州遇到空气污染时采集的PM2.5和你们研究时采集的PM2.5组分是不是一样？造成的损害是不是可以重复？如果你们的实验设计不能做到这么精细，那么在下结论的时候就要小心。再一个是关于细胞因子的保护作用。你们检测的都是与炎症有关的因子。在肺损伤中会出现炎症，大部分人认为消炎对肺会有保护作用，但是你们的数据没有严格证明这一点。你们讲的是用污染物（给动物）滴鼻以后会有肺损伤，加了药之后肺损伤减少，同时炎症因子有一些变化。但是，你们不能说一定是通过炎症因子的变化来改善肺损伤的，对吧？你们不一定能在研究报告里提出其他途径，但是下结论的时候要留有余地，可以说是"很可能通过这个途径"。研究报告中不要轻易地认定因果关系。如果想让别人相信存在因果关系，在背景介绍里面要多做一些铺垫，让别人以后更容易接受。

总体来说，这个报告反映了课题组在过去若干个月里的辛苦工作，获得的很多数据很有价值。但是要注意，我们常讲的一句话是"细节是魔鬼"，另一句话是"通往地狱的路经常是用美好的愿望铺就的"。在科研过程中经常会发生想象的跟最后看到的或实际发生的不一致的情况，所以下结论时一定要非常谨慎。好了，我就讲这些，谢谢大家。

陈建群：吴老师做了非常详细的点评。我想讲的是，第一，这个题目从选题上讲,一个亮点是PM2.5,这是大家(目前)关注的话题;第二个是我们的中医中药。现在我们越来越关心中医中药,在大学生生命科学竞赛中,从生命科学的角度去研究中医中药,去关注PM2.5,我觉得这个选题非常好。第二,这个题目的难度大学生应该是可以把控的。到底应该选什么程度的题目,一直是让人纠结的。你们应该可以看到,有些题目对大学生来说是难以掌控的,需要若干年研究经验才能够做好,所以我觉得作为一个大学生生命科学的竞赛,选一个适合的题目,能让我们的学生真正地投入进去,在课堂学习之外,学生也能通过科研训练提高各个方面的能力,包括科研的科学思维、团队合作等。这是我们大赛的初衷,所以说这个题目从难度上来说是适合的。那么在具体的内容上,刚才吴老师做了很多评说,我就不多说了。我就想说像这样的一个题目,我还是希望最终结论能回到我们传统的中医中药上来。比如说,在前面的综述中,你们讲到白及对肺有一系列好处,那你们的结论能不能回到中医理论上来,说说你们的研究结果与哪些中医理论是吻合的,或者哪些结果可以对某个中医理论有提升作用。我没听到这些内容。

学生1:老师,我来回答一下您的问题。您说的正好是本课题的一个创新点。我们(的研究)结合了中医理论的两个方面:一个是治未病;另一个是既病未变。我们做了预防和治疗两种(方案),由于白及是一种传统的经典的肺部用药,所以我们最后选择了这个课题。

陈建群:你们最终研究出来的结论怎么回到中医上面的? 比如传统是怎么样的,现在是怎么样的。

学生1:我们的研究分为预保护和治疗阶段。预保护相当于预防,证明了它(指白及)是通过抗炎起到护肺的作用,预保护正好吻合了治未病的理念。造模之后肺就已经受到了损伤,然后进行药物干预,有了缓解的作用,就相当于既病未变。

学生2：我可以稍微补充一下。白及是中医应用了很多年的临床药物，每个中医方子中白及都有一定的剂量要求，我们在实验中可以通过换算方子的剂量得到相应的药物浓度。从这个方面来讲，这体现了中医对我们实验的指导作用。然后反过来说，中药的药效成分尚不明确，相比西医，西医的药效成分和剂量都是明确的，如果我们开展这样的一个实验，用具体的实验研究来明确中药的药效成分，也给中医的治疗提供了一个比较科学的依据。

陈建群：好，谢谢！还有一点很小的问题，你们采集到PM2.5之后，怎么给药？多少剂量会对生物造成伤害？是急性伤害还是慢性伤害？这些你们在文章里面都没有详述。尽管你们讲了，第一天、第二天……第七天给药，实际上这里面还是有很大差异的，给法不一样，浓度不一样，最终导致的伤害就不一样，你们用白及进行干预的话，最终的结果也会不一样。所以作为一个科学的研究，对于这些该如何去设计，我觉得值得思考。

学生：谢谢各位评委专家的点评！

顾红雅：谢谢你们！我们点评得比较细致，其实不光是针对他们这个项目，刚才两位老师指出的都是共识性的问题、比较普遍的问题，希望在座的各位同学也能看看自己的项目中有没有类似的问题存在。

2. 四川王朗国家级自然保护区马先蒿属植物传粉昆虫组成及差异

项目名称：四川王朗国家级自然保护区马先蒿属植物传粉昆虫组成及差异

学校名称：北京大学

参赛队员：李小雨、刘天朗、金铃、李沐航、刘灏文

指导老师：王戎疆

陈建群: 非常精彩的介绍,非常有故事性。马先蒿是生物学家很感兴趣的一种植物,多样性非常高,非常有特点。当你跑到一个高寒之地,看到这些灿烂的鲜花,仔细一看还都是同一类植物的时候,你就会想:怎么会这样呢? 我相信在座的很多老师都在野外看到过马先蒿,所以我就在想:在选这个题目的时候,你们是怎么想的?

学生: 最开始的时候,我们考虑到既然有了这么个珍贵的机会去王朗保护区实践,那先去调查一些比较独特的、在北方看不到的生物。通过查阅一些资料,我们发现了马先蒿,它不仅是比较珍贵的资源,而且形态分化比较独特,花也很漂亮,所以最后我们选择了马先蒿作为研究对象。

陈建群: 好的,谢谢! 大家可以听出这样的一个过程,就是说用兴趣去引导他们做研究,这是我非常认可的。现在有各种选题方式,有的是因为实验室某位老师研究做得非常好,你只是过去帮点忙,项目完成以后,你呈现出来的数据是很漂亮,但你真正学到了什么却不清楚。我觉得这种方式不是我们竞赛追求的方向。所以我想说,我很赞成学生按自己的兴趣选题。

在昨天挑选的时候,我并不知道这是北大的队伍,因为我们只能看到论文的题目。马先蒿多长在南方比较高的山上,而且题目显示是在王朗自然保护区,所以当时看题目还以为是南方学校的学生做的。当时看了以后我就觉得这是学生自主选择的一个题目,学生感兴趣,然后去展示。事实上,他们展示得非常好,我特别欣赏他们从 who(谁)、how(怎么样)、what(什么)的角度出发,去追踪里面的一些问题。这些是对科学问题追踪时必然会提出的,也是我们希望大学生做研究时关注的。当然,我还希望能听到他们经过研究后说 why(为什么),尤其从演化生物学上来看,这方面他们是努力做了,但并未很好地呈现。当然,我也能理解:他们在这么远的野外只能做几天调查研究,要真正去回答 why,有点难度。

另外,今天他们的答辩非常自然,因为这个选题是他们在兴趣驱动下自主做的,所以他们对这个研究内容的方方面面都非常清楚,他们答辩的时候表现自如，阐述非常清晰，这体现了北大人的素质。我听过一些答辩，他们讲得非常顺溜，但回答问题时大多讲不清楚。我们还是希望他们真正地去做研究，回答问题就会非常自如。

还有一个问题：你们有没有觉得你们这个研究的样本有点少？比如说马先蒿的传粉昆虫你们观察了两天，有的有二三十个访花的昆虫，有的有五六十个，但样本数太少，假如让你们有足够时间去做，是不是可以增加样本数来更好地呈现这个结果？

学生：对的，我们觉得是可以的。如果有机会的话，当然是数据越多，结果会越好。我们的实验不论是抓的昆虫数目或者是录的视频条数，都受限于我们当时做实验的总时长，所以我们在想，如果以后有机会，可以继续深化这个项目，收集更多的数据，拿出更加可靠的结论。

陈建群：对。这里有些是可以靠技术来完成的，有些是可以用更好的设计来完善的。我想未来你们假如真的要去做这样的研究，你们不需要一天到晚趴在那边，只需要弄几个摄像机在那边拍摄，回到实验室来数就可以了。当然，学生有原始的科研冲动去做实验，是非常好的。像刚才这个，通过找访花昆虫上的花粉是什么植物的花粉，你们可以非常清楚地看到大部分是马先蒿的花粉，而其他几个的变异就很大。但是当只有五个样本的时候，如其中有一个马先蒿的花粉是特别多的，你们说这是例外，为什么这是例外？五个样本里面的一个就已经是20％的可能性了，如果样本量提高到50个，那就不一样了。所以就凭5个样本来下结论有点武断，你们观察更久，增加更多样本，然后给出一个更让人信服的数据，可能会好一些。还有一个问题，当你们去看昆虫上面有什么植物的花粉时，这个昆虫你们是在它访问马先蒿之前抓的，还是从马先蒿上下来的时候抓的？

学生：一般来说，昆虫访花都要一定的时间，它落在花上差不多时间我们就抓了，因为要保证抓到并继续后续的研究，由于工具等各方面的限制，所以我们没办法确定是从马先蒿下来之前还是之后抓的。

陈建群：你们能发现这个问题，是吧？就是说你们在马先蒿上面抓的。这说明它已经接触到了马先蒿。但是，抓捕访花昆虫的时机是在昆虫接触到马先蒿花粉前还是后？两者反映的情况不一样，结果肯定也不一样，各有其意义。

此外，你们讲鳞翅目昆虫可能不是马先蒿的传粉者，但是在你们做的传粉昆虫组成的PPT上包括了这个鳞翅目昆虫。假如你们认为它不是的话，这张PPT的标题就应该写为访花昆虫组成，而不是传粉昆虫组成。这是在处理数据时需要关注的细节。

总体来讲，我最看中的是，兴趣促使你们去研究这个课题。我觉得非常好。在后续的研究中，你们可以从花，比如地管马先蒿的花序大小、花序组成，以及不同生态因子的综合分析等不同角度去回答为什么。

还有一点，我觉得你们想得很周到，用了一个移植实验。但移植以后会有很多的问题，你们给出的方案是，移植以后访花昆虫就不来。这个移植对本身植物是有影响的，植物是靠气味去吸引昆虫的，假如移到新的环境，植物还没恢复到它原先的状态的话，这个气味就不一定一样，那时候访花昆虫可能不会去访问植物，但未必是因为这个植物不吸引它。所以你们在排除环境因素造成的误差时，没有排除移植对它的影响，所以还可以从这个方面继续优化这个实验。当然，你们能够想到这些因素就已经非常好了。

我就讲这些，谢谢！

顾红雅：谢谢陈老师！

吴晓晖：我非常同意陈老师的观点。做研究，第一位就应该是感兴趣。没有兴趣的东西做得了一时，做不了一世，即使做到技巧非常好，也往往只是个技术人员，而成不了出色的研究型人才。当然，有了兴趣以后，需要选择一个研究方向，在开展具体工作之前，还要有一个非常重要的本领：能提出一个可以用实验验证的假设。提不出这样的假设，工作也没办法深入。这个报告本身提出了一个非常有意思的问题。你们刚才在回答陈老师的提问时已经说了，一开始做完全是凭兴趣的。但你们在做报告时，一开始还是讲了一些关系到人类的未来、关系到国计民生的事情。从报告的整体结构出发，正如陈老师向上一组同学提出的那样，建议你们最后回过头去总结下做的马先蒿研究是不是对最先提出这些事情有一定的启发、帮助或者指导。在做实验的时候，你们如果真的是一开始就想知道传粉对于农业生产有非常重要的帮助，或者想要解决传粉昆虫越来越少的问题，那么自然就会想进一步去做某些实验。比如说，刚才陈老师已经提到，你们有一个数据是讲有五只昆虫去传粉，其中一只的表现和其他不一样。我就在想这是不是可以作为一个线索，去看一看它为什么和其他四只昆虫不一样。你们猜测可能是由于各种昆虫对气味的感觉不一样，那可进一步猜想是不是由于这只昆虫的嗅觉功能和基因组成与别的四只不一样。如果虫体标本已经收集在手里，那DNA肯定是在的，这些假设在技术上是可以被检验的。如果真如你们猜想的这样，从理论上来讲，接下去你们可以通过改造嗅觉系统，让一些本来不能给庄稼传粉的昆虫变为可以传粉，改善传粉昆虫急剧减少的问题。

总体来说，这是个非常有意思的报告，我非常喜欢看到这种类型的学生科创项目。学生太早去学选题的套路不是一个太好的事儿，尤其是本科生。我就讲这些，谢谢大家。

顾红雅：谢谢两位同学！因为时间关系，我就不多说了，我就想强调一下，这两个团队是有代表性的，也希望我们两位教授的详细点评可以给大家一定的启发。谢谢两个团队，谢谢两位教授！

第二节
竞赛委员会主任在闭幕式上的讲话

各位领导、老师和同学:

上午好!

上台来的时候,我就期待着能够看到这次竞赛的最终结果。其实我跟在座的很多老师和同学一样,没有见到那个成绩单,也不知道具体(结果)如何,(结果)全在执委会的秘书长——吴敏教授手里。这就表示我们在评审过程中遵循着重要的原则——保密和公平。所以,让我们先按下这颗期待的心,听一下我关于这次国赛的简单汇报。

我们这个全国大学生生命科学竞赛是第一届,或者叫首届,是一件我们期待已久、酝酿已久的事情。我们一直很想做这件事情,但是因为种种原因一直没有做成。基于浙江省已经办了类似的竞赛,而且已经办了九届,积累了丰富的经验,我们便组织国内教育领域的专家观摩了浙江省的竞赛。大家都感到这个竞赛很有意义,也很有发展前景,对教学改革很有促进作用。我们组织了三次研讨会议,最终确定:在浙江中医药大学举办首届全国大学生生命科学竞赛,并得到浙江中医药大学的鼎力支持。

这次竞赛是三个教指委和教育部的《高校生物学教学研究(电子版)》杂志社——四个单位联合主办,由浙江中医药大学承办的,(是)一次全国性的竞赛。根据浙江省竞赛的经验,竞赛组织委员会设计了一系列全国竞赛的规则。整个筹办过程中得到了教育部理工处吴爱华处长的指导。

首届竞赛参与的范围便非常广泛,有25个省(自治区、直辖市)的263所学校的1903支队伍角逐奖项。规模之大、涉及的学校之多，超过了我们的预期，为后续的竞赛奠定了基础。

推举出来的这108支队伍来到了浙江中医药大学进行现场决赛。在整个过程中，我们一直严格地遵守这样的原则——保密和公平。我们从全国三十多所高校中遴选了不同领域的44名专家，这些专家都有很深厚的学术底蕴、丰富的教学经验、良好的道德品格。我们"以人格凝聚力量，以制度保障公平"，用严谨的规则推进这次比赛的顺利进行。

经过一天激烈的竞赛，在这108支队伍当中，我们评出来50名一等奖、58名二等奖。当看到这个结果，获得一等奖同学心中一定非常高兴；倘若获得二等奖，或许会有一些失落。在这里我要强调：尽管我们很公平，尽管我们很保密，但是在评审过程中，我们很难对各个领域的学科精确地给出像用天平称量一样（绝对公平）的评价。所以我在这里讲一句话：对于所有的评审结果，你们可能会高兴，也可能会失落，但是失落不是失败！你们在进行科学研究的每一步上，会有苦，会有甜，当再次回首的时候，每一步都是人生旅途上的一大进步，希望你们坚持下去，这就是我们一个基本的思路。

这次竞赛终于有了结果。对于这个结果，我们感慨：首先，我们应该想到的是什么呢？让我去写总结报告，我应该讲什么呢？我觉得应该讲：我们要展示的，我们应该都已经展示了；想让大家看到的，大家都已经能够看到了；想让大家感受的，大家都已经知晓了。这时候让我最感慨的是什么呢？我们之所以能够顺利地举办此次竞赛，其中非常非常重要的一点是我们的东道主——浙江中医药大学给我们很好的平台。昨天经过了一天的角逐，到傍晚的时候，浙江中医药大学的会务组很快就将大家今天早晨看到的这份录像送到我的手上了。当看到那段解说词的时候，我大吃一惊。那段解说词汇聚了这两天在不同会场上各级领导的讲话、专家的发言和他们在会场上收集到的一些信息，然后他们写了一段有层次的、有数据支持的、有分析的、非常精彩的文字。看到这段文字，我的感觉是，我参加了全国很多很多类似的会议，但是能够在这么短的时间内写出非常精准的解说词，实属罕见。我觉得这次的会务组织体现了浙江中医药大学高效的、高质量的、高水平的后台支撑能力。有了他们的积极支持，才有了我们这次竞赛的顺利完成。所以，在这里，我代表我们指委会对在座的专家和全体参会的学生、指导老师、领队老师表达我们的心情：

第一，感谢我们的东道主，感谢他们科学、精准的后台支撑。建议大家以热烈的掌声向东道主表示感谢。

第二，我要感谢来自全国各个地区的学生、领队老师和指导教师。你们的每一天都在成长，都期盼着今天比昨天过得更好。我们期待着明天，虽然不知道明天会遇到什么，但是我们遇到了好的时代、好的社会环境。巡天遥看千万里，我们国家给我们展示了一个大格局。在这个大格局里，我们每一个人都有自己的目标，都有自己的期盼。很期待我们的每一个年轻学生都怀着一种信念、一种决心、一种精神。人生就这么几十年，我们是不是也可以做到"各领风骚数十年"？我们遇到了一个好时代，期待我们在各自的岗位上努力，在中国的人才培养上，在我们青年人的培养上，不负这个新时代。

谢谢诸位！

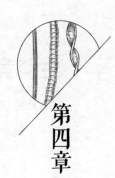

第四章　学科竞赛教学改革论文

生科竞赛对大学生的影响和作用

袁小凤,黄燕芬,李洪涛,窦晓兵,黄在委,朱君华

(浙江中医药大学　浙江杭州　310053)

摘要:浙江省大学生生命科学竞赛是浙江省教育厅授权举办的竞赛之一,经过8年的发展,比赛规模和参赛人数均排在所有省赛首位。本文通过调查问卷的形式调查浙江省大学生生命科学竞赛对大学生的影响和作用。结果表明,浙江省大学生生命科学竞赛能有效引领学生创新,引导学生走向学术道路,在给学生带来荣誉的同时对其就业也有很大的帮助,可见生命科学竞赛对大学生各方面均有良好的促进作用。

关键词:学科竞赛;大学生;创新;就业

人才乃立国之本,创新人才更是兴国安邦的根本动力。经济和社会的发展,不仅取决于人才的数量和结构,更取决于人才的创新精神和创新能力[1]。改革人才培养方式、发展利于创新人才培养的教育体制已成为我国当前经济社会发展的当务之急。学科竞赛是培养创新人才的一种卓越机制,是培养大学生团队合作精神的有效途径,有利于培养"应用型、开拓型、创新型"的人才[2-4]。

2007年,教育部提出,继续开展大学生竞赛活动,重点资助在全国具有较大影响力和广泛参与面的大学生竞赛活动,激发大学生的兴趣和潜能,培养大学生的团队协作意识和创新精神。为响应号召,浙江省于2009年开始实施大学生生命科学竞赛。竞赛面向全省所有高校(包括高职高专)的在校大学生,由4~5名队员组成1支队伍,在指导老师的指导下完成指定的课

题。竞赛主题宽泛,吸引了大量的学生,使参赛学生不仅在实践中得到了锻炼,还提高了科研兴趣,以及团队协作、自主学习、论文写作能力等。

1. 浙江省大学生生命科学竞赛对学生的影响和作用

为了弄清生命科学竞赛对大学生到底有怎样的影响,我们设计了一份调查问卷,由各高校生命科学相关专业的教师分发,对浙江省35所高校学生进行抽样调查,共回收有效问卷5000份。从统计结果可以看出,参与调查的学生,除大四学生比例稍低(大四学生很多在实习),其余三个年级的学生比例相当,可以较好地作为浙江省高校生命科学相关专业学生的代表。表1为问卷统计结果。从表1可以看出,浙江省大学生生命科学竞赛对学生的影响是多方面的,不仅可以引领学生创新,引导学生走上学术之路,而且可带给学生荣誉,甚至在学生毕业找工作时也有很大的帮助。

表1　参加竞赛对学生的影响

	选项	人数/人	占比/%
参加竞赛与学生发表论文的关系	参加竞赛并发表核心期刊或SCI论文	282	5.64
	参加竞赛并发表了一般期刊论文	988	19.76
	未参加竞赛但发表了论文	243	4.86
参加竞赛与学生课题资助的关系	参加竞赛后获省级以上课题资助	475	9.50
	参加竞赛后获院级或校级课题资助	779	15.58
	未参加竞赛但获课题资助	102	2.04
参加竞赛与其他比赛获奖的关系	参加竞赛并获挑战杯等省级以上比赛奖项	230	4.60
	未参加过竞赛但获其他比赛奖项	687	13.74
参加竞赛与学生获奖学金的关系	参加竞赛后获省级或国家级奖学金	267	5.34
	参加竞赛后获校级奖学金	2467	49.34
	未参加竞赛但获校级以上奖学金	1134	22.68
参加竞赛与学生考研的关系	参加竞赛后想考研	3115	62.30
	未参加竞赛但想考研	1005	20.10
参加竞赛与学生找工作的关系	参加竞赛对毕业找工作有帮助	3180	63.60
	不参加竞赛对毕业找工作有帮助	930	18.60

1.1　竞赛引领学生创新

创新能力包括创新意识、创新思维和创新技能三部分,创新能力的核心是创新思维。竞赛是培养创新能力的一条重要途径。它包含两层意思:一是通过竞赛训练学生的创新意识和创新思维;二是通过竞赛锻炼学生的创新技能,即在竞赛的过程中,通过一定时间的训练,使学生熟练掌握各种基本技能,并在创新思维的引导下生成创新技能[5]。

调查结果表明,有相当一部分参赛学生成功申请了校级及以上的课题资助,说明学生在竞赛结束后,依旧会跟着老师继续科研,他们在老师的指导下,撰写标书,申请其他课题资助。据统计,有25%的学生获得过各类课题资助。在课题资助下,他们认真实验,并将自己实验获得的数据撰写成论文,25%的参赛学生有论文发表,充分表明竞赛在引领学生创新方面的作用。当然,仅有5.64%的学生发表了核心期刊或SCI论文,文章档次还有待提升。与之相比,未参加竞赛的学生也有2.04%曾获得课题资助,4.86%发表过论文,但比率低于参加竞赛的学生,这说明竞赛是一个提升学生创新能力的好渠道,但并非唯一渠道。

1.2　竞赛引导学术之路

由表1可知,参加浙江省大学生生命科学竞赛后,还有部分学生会继续参加其他类型的学术竞赛,例如挑战杯赛,这部分获奖比例达4.6%,表明生命科学竞赛能进一步培养和提升学生的学术水平。在问卷统计中,有62.3%的参赛学生有考研意向,远远高于未参赛学生的比例,且参赛学生可因已有奖项、动手和创新能力强等在研究生入学考试的面试中更易获得导师青睐,可见竞赛对学生的科研学术之路有很好的引导作用。

1.3　竞赛给学生带来荣誉

各院校为了鼓励学生参加竞赛,相继出台了很多优惠措施。以我校为例,学校规定:参加各类科技创新与竞赛(含"挑战杯")并获省级三等奖及以上的学生,每获奖1项,可选择该学期最多3门课程加分奖励。因此,可以预见,学科竞赛获奖对大学生来说是非常有利的。统计结果也反映出,参加竞赛后无论获奖与否,有一半以上的学生能拿到各类奖学金,比同期未参加竞赛的学生高了23个百分点。事实上,学科竞赛可以大大提高学生的学习积极性。经历过竞赛的系统性训练,学生们不仅会查文献、写综述、做实验、写论文、做PPT,而且培养了自学能力和自控能力,所以参加过竞赛的学生即使未获奖项,他们的学习能力也大大提高,从而形成良性循环。

1.4　竞赛有利于就业

调查结果表明,5000名学生中,有3180人认为参加竞赛对找工作有帮助,比例达63.6%,说明绝大多数学生非常认同竞赛的促进作用。在竞赛过程中,学生必须培养实践动手能力、论文写作能力及团结协作能力等,再通过竞赛的系统锻炼,学生的专业能力大大提高,在应聘时也更自信,而这正是用人单位所看重的,因为工作需要这些能力。

2. 生命科学竞赛的发展思路

浙江省大学生生命科学竞赛经过多年发展,已经越来越完善,规模越来越大。参赛高校从5所发展到52所,参赛队伍从46支发展至925支,参赛人数从280人发展到4620人;参赛高校从省内扩展到省外,参赛学生从高职生到一本生,从中国学生到外国留学生。这充分展现了浙江省大学生生命科学竞赛的魅力。而竞赛之所以能发展,与大学生的积极参与分不开。只有学生愿意参与,这个竞赛才有意义。因此,我们应该继续努力,好好规划,让竞赛能进一步提高对学生的吸引力,提升学生的创新能力,扩大受益面。

2.1　思考竞赛意义,回归学科竞赛初衷

浙江省教育厅大力推进学科竞赛,是希望通过举办学科竞赛等第二课堂的改革,积极推动或者倒逼第一课堂的改革,推动人才培养模式和教育方法的改革。可以说,通过8年的努力,生命科学竞赛从原来不受重视到备受重视,从原来一个学校2支队伍发展到一个学校有超过60支队伍参赛。竞赛积极推动了学校对人才培养的改革,改变了对教育方式、教学方法的思考,也取得了不少可喜的成绩。但这也给我们带来一些思考:是不是参赛队伍越多越好? 是不是参赛人数越多,人才培养质量就越高? 是不是参赛实验记录越多、支撑材料越精美,就说明学生的水平越高? 这些问题都需要认

真思考。

2.2 做好基础工作，注重本科生培养

本科生培养始终是各高校的中心工作，居于高校四大职能的首位。在举办学科竞赛过程中，也要坚守这一原则，注重培养本科生基础知识、基本能力和基本技能，使其掌握基本的科学研究方法和科学思维方法，具备一定的科学思维和创新能力。从近几年的学科竞赛中发现，有些参赛队伍片面追求"高大上"，竞赛题目大、内容少，研究内容与题目不相吻合；有些注重竞赛形式、轻视实验内容，如实验记录达到1000多页，照片多，文字记录少，反思少；有些片面追求实验结果，忽视实验原理与设计，在答辩过程中学生很难回答为什么要这样设计；有些团队甚至用指导老师，或博士生、硕士生的研究课题来参赛，提交的研究论文和材料水平超过了博士生毕业论文等等。竞赛是一种教育的形式，我们不能让竞赛失去了本色，不能把学生培养带入误区。希望各高校能够从培养本科生的角度出发，更加注重基础知识、能力和素质的培养，以及写作能力、交流能力、科研基础能力的培养。

2.3 规范竞赛流程，提升竞赛质量与水平

2016年浙江省大学生生命科学竞赛的参赛项目达到925项，其中，有72支队伍泄露学校和个人信息，尽管比2015年的100支有所减少，但这还是表明个别学校不注重规范、没有仔细核查。此外，决赛队伍上交的材料良莠不齐：有些装订规范、打印精美；有些很随意，甚至没装订；有的材料很"厚实"，但存在同一张实验照片反复使用的情况，导致材料很"厚"、内容很"薄"；有些队伍的研究水平明显过高，甚至超出了博士生水平。本科生通过学科竞赛，能设计出高水平的研究课题，并得出可喜的成绩，这是好事，但不能偏离本科生培养目标，片面追究研究结果。让本科生参与科研、加强实践动手能力是竞赛初衷。建议进行论文查重，查重内容不仅涉及已经发表的论文，而且涉及导师相关研究；同时希望建立历届竞赛资料网站和竞赛资料库，可以从库中直接查询历届竞赛选题、内容。希望通过规范办赛、规范竞赛流程、规范竞赛评审过程，提升竞赛水平和质量，让更多学生参与到竞赛中，并从中受益。

2.4 以赛促学,促进教师教研水平和学生学术水平的提高

竞赛不仅仅是参赛学生的竞赛,也是带队老师的竞赛。通过学科竞赛这个有效途径和载体,不断提升学科竞赛的层次和水平,才能促进教育教学体制的改革,才能提升学校的办学水平和教育教学质量,彰显学校的办学实力,不断提升学校的知名度,为社会输送合格人才[6]。因此,教师在指导学生的过程中,要认真思考,如何通过学科竞赛,进行相应的教学改革,以提升教师的教学和研究水平。

参加竞赛的学生对竞赛都有深刻的印象,竞赛是对学生的创新能力的培养,是给社会和学生的一笔宝贵财富。随着竞赛的不断发展,将更好、更多地培养优秀的创新型人才,为社会发展贡献一分力量。

参考文献

[1] 敖小宝.试论高等教育中大学生创新能力的培养[J].职业时空,2007(11):38.

[2] 李文望.学科竞赛是培养创新型人才的重要环节[J].厦门理工学院学报,2018(B12):110-112.

[3] 蒋西明,邓明,徐云.构建学科竞赛体系,提高学生综合素质[J].实验技术与管理,2008,25(2):130-132.

[4] 洪宝仙,龚冰冰,鲍思伟.地方高校学科竞赛的现状与思考[J].台州学院学报,2011,33(4):70-73.

[5] 教育部,财政部.关于实施高等学校本科教学质量与教学改革工程的意见(教高〔2007〕1号)[Z].2007.

[6] 薛艳茹,刘敏,赵彤,等.依托学科竞赛提高地方院校大学生创新能力[J].实验技术与管理,2013,30(6):170-173.

走进生命科学——竞赛篇

基于学科竞赛平台提升大学生创新能力

袁小凤,窦晓兵,黄燕芬,黄在委,李洪涛,朱君华

（浙江中医药大学 浙江杭州 310053）

摘要：为深化高校创新创业教育改革,浙江省教育厅先后批复了30项大学生学科竞赛项目。这些项目依托学科竞赛平台,规模日益扩大,受益学生数越来越多。总结分析后发现,学科竞赛平台为浙江省高等教育发展改革,特别是大学教育、技术创新和人才培养做出重要贡献,竞赛对培养大学生的创新能力有很好的作用。

关键词：学科竞赛;学科竞赛;创新能力;大学生

1. 前言

为了贯彻落实《国务院办公厅关于深化高等学校创新创业教育改革的实施意见》(国办发〔2015〕36号)精神,浙江省教育厅号召和鼓励不同学校、不同学科,积极开展学术交流与合作,创新人才培养模式,培养大学生实践创新能力,借助各种形式的竞赛,横跨各个专业,通过层层动员、全员参与、扎实推进,将"竞赛群"作为突破口和重要途径,推动教学改革,培养师资,提高学生能力,形成办学特色,提高教学质量。我们以2016年各学科竞赛年度质量报告为依托,进行数据整理汇总,总结了浙江省30项大学生比赛情况后发现:学科竞赛平台为浙江省高等教育发展改革,特别是大学教育、技术创新和人才培养做出重要贡献。它们的参与学校众多,考察项目广泛,大大提升大学生创新能力和团队合作精神。

2. 学科竞赛的形式

学科竞赛是面向大学生的群众性科技活动,在紧密结合课堂教学又高于课堂教学水平的基础上,以竞赛的方式考查学生某学科基本理论知识的掌握程度和解决实际问题的能力。从网络媒体可知,全国各类学科大赛很多,各校纷纷选派优秀学生参加竞赛,升能力,长才干[4]。从不同的角度来看,学科竞赛可以有多种分类方式。按竞赛级别不同,可分为国际级、国家级、省(部)级、市级、校级;按竞赛主办单位不同,可分为教育主管部门主办、企事业单位主办、行业协会主办;按竞赛内容不同,可分为单科类竞赛、专业类竞赛、综合类竞赛、职业技能类竞赛;按竞赛时间不同,可分为临时竞赛、一年一届竞赛、两年一届竞赛;按竞赛空间不同,可分为开放式竞赛、半开放半封闭式竞赛、封闭式竞赛;按竞赛形式不同,分为直接决赛型竞赛、一次竞赛两级评奖型竞赛、初赛－复赛－决赛型竞赛;按竞赛人数不同,可分为单人竞赛、团队竞赛等[5]。

3. 浙江省学科竞赛的发展

浙江省大学生学科竞赛已经成为鼓励、促进和检验大学生创新能力培养的重要载体,在各级领导的关心和支持下,已经逐步走上稳定和持续的良性发展轨道。从表1可知,全省高校参与各类竞赛的学生数高达44365人,几乎覆盖了浙江省所有高校。参赛队伍最多的是摄影比赛,有1984支;最少的是化学比赛,仅有20支。参赛学校最多的是互联网大赛,有97所;最少的是医学竞赛和护理竞赛,仅有16所。参与人数最多的是证券投资竞赛,有7000人;最少的是化学竞赛,仅80人,主要是因为化学竞赛的专业性、学科性较强,使全省学生参与度受到一定的限制。企业经营沙盘模拟竞赛、力学竞赛、结构设计竞赛、师范生教学技能竞赛、英语演讲与写作竞赛、医学竞赛、护理竞赛、化学竞赛等这些比赛的参与人数均低于400人。

此外,有些竞赛已实现省赛与国赛的接轨,包括数学建模竞赛、英语演讲与写作竞赛、电子设计竞赛、智能汽车竞赛、化学竞赛、"互联网＋"大学生

表1　浙江省大学生学科竞赛基本情况

序号	名称	届次	参赛情况			获奖情况		
			队伍/支	学校/所	人数/人	一等奖/项	二等奖/项	三等奖/项
1	数学建模竞赛	24	845	66	2535	53	83	164
2	结构设计竞赛	15	102	49	306	13	22	33
3	程序设计竞赛	13	303	77	909	24	46	76
4	化工设计赛	10	148	29	740	12	24	36
5	英语演讲与写作竞赛	11	—	106	154(演讲)/253(写作)	—	—	—
6	工程训练综合能力竞赛	3	320	40	960	20	40	90
7	机械设计竞赛	13	267	49	1335	23	42	66
8	服务外包创新应用大赛	15	210	40	1050	17	32	53
9	多媒体作品设计竞赛	15	1023	85	3069	60	124	192
10	师范生教学技能竞赛	10	95	17	284	23	47	65
11	电子设计竞赛	12	661	59	1983	51	100	166
12	智能汽车竞赛	5	233	40	717	39	64	26
13	统计调查方案设计竞赛	5	508	73	2354	41	77	125
14	电子商务竞赛	11	904	73	4005	74	137	224
15	工业设计竞赛	8	642	53	1646	33	65	128
16	生命科学竞赛	8	925	40	4600	75	138	231
17	财会信息化竞赛	13	740	65	2220	48	96	144
18	医学竞赛	7	40	16	156	6	14	20
19	力学竞赛	5	115	37	345	16	20	25
20	摄影竞赛	4	1984	73	1984	78	199	328

续表

序号	名称	届次	参赛情况			获奖情况		
			队伍/支	学校/所	人数/人	一等奖/项	二等奖/项	三等奖/项
21	汉语口语竞赛	4	547	97	547	55	105	175
22	法律职业能力竞赛	3	290	60	574	24	44	74
23	机器人竞赛	1	249	37	686	25	50	75
24	化学竞赛	7	20	—	80			
25	护理竞赛	2	31	16	124	5	5	10
26	经济管理案例竞赛	2	296	51	1443	23	46	70
27	证券投资竞赛	1	306	138	7000	56	201	677
28	物理科技创新大赛	7	300	26	1500	9	19	28
29	企业经营沙盘模拟竞赛	1	120	61	360	10	18	30
30	"互联网＋"大学生创新创业大赛	2	—	97	600	38	73	117

注:表格中标注"—"为未统计数据。

创新创业大赛等,影响力广泛。在统计的赛事中,比赛形式尤以团体赛居多,说明竞赛鼓励团队合作,比如大学生数学建模竞赛队伍多达845支,参与团队众多。就参赛学校数量来说,汉语口语竞赛有高达93所学校参加。竞赛一般设一、二、三、特等奖,如化工设计赛,有的比赛甚至设最佳女队奖、顽强拼搏奖等,积极鼓励学校师生创新实践。

4. 学科竞赛的作用

学科竞赛深化和推动教学改革,为培养创新型人才提供了良好的实践平台。浙江省大学生生命科学竞赛从多方面推动和促进各个学校的教学改革,为学生提供了施展才华的空间和平台。一是促进了相关课程体系和内容的改革;二是促进创新实验室或者相关基础设施的建设;三是促进人才培养队伍的强化,很多学校组建了专门的指导老师队伍。竞赛促进了教学改革,保证了大学生创新教育工作和创新教育活动的有效开展。

4.1 竞赛·创新

创新是在前人或他人已经发现或发明成果的基础上做出新的发现、提出新的见解、开拓新的领域、解决新的问题、进行新的运用、创造新的事物[6]。学科竞赛是指在高等学校课堂教学之外开展的与课程有密切关系的各类科技竞赛活动,是综合运用一门或几门课程的知识去设计解决实际问题或特定问题的学生竞赛活动[7]。在学科竞赛活动中可以产生创新思维并促使其发展,两者之间的关系是相互影响的[8]。

学科竞赛能更好地融合各个学科知识,实现跨领域、跨学科培养人才的效果,以科研项目和学科竞赛为载体,高校、科研院所和科技型企业互相合作为模式,从而展示创新研学人才培养的显著效果[9]。学科竞赛对创新人才培养的作用主要体现在三方面:①激发学生的创新精神;②培养学生的创新能力;③提高学生的创业素质。如大学生电子设计竞赛专业性较强、组织难度高,注重引导学生进行新技术、新仪器、新设备应用方面的设计,引导学生走上创新的轨道,激发学生的创造潜能[10]。

4.2 竞赛·就业

近年来,随着高校大规模扩招,毕业生总量逐年增大,且增幅逐年提高,大学毕业生的就业形势非常严峻。2010年,全国人力资源和社会保障部门将鼓励和支持高校毕业生自主创业作为拓宽高校毕业生就业渠道的四项措施之一,并辅以多种扶持政策及优惠政策。为促进大学生创业,近年来各种创新创业竞赛层出不穷[11]。

高校学生技能竞赛是大学生施展自身才能的一个平台。目前,越来越多的企业也参与其中。通过这个平台,企业能够直观地了解在校大学生的基本素质能力情况,同时也给学生提供了提前进入企业的机会。学生通过竞赛项目能够了解到所学专业的行业发展情况,以及行业的实际需求。因此在竞赛的准备过程中,指导教师应积极向学生介绍行业发展趋势,使学生重新认识自己,放弃一些不切实际的想法,重新定位就业取向,树立正确的就业观念[12]。

职业技能竞赛更贴近工作实际。学生参加了技能竞赛后,动手能力、心理素质、学习精神、深入思考能力等方面的综合素质得以全面提高,毕业后能很快适应本职工作,减少了用人单位的培养时间,并能迅速成为单位的骨干,职业技能竞赛的成效显著[13]。谭光兴等[14]调查了学科竞赛对大学生职业规划及就业意识的影响,发现相对于普通学生,在大学期间参与各类学科竞赛活动的学生更清楚自己未来的职业道路。

参加过学科竞赛的学生受到社会普遍欢迎,就业面宽,就业层次高。获得2009、2010年全国大学生程序设计竞赛特等奖的巫泽俊现在美国Facebook公司工作。更有学生自主创业。如现担任杭州知名创业企业——杭州喝彩网络科技有限公司首席技术执行官的范雨喆于2008年斩获全国大学生程序设计竞赛一等奖。李群星在首届全国大学生工程训练综合能力竞赛中获得一等奖,于2014年和同学一起创业,至2017年是120项专利(其中15项发明专利)的拥有者、杭州追猎科技有限公司的股东之一。

4.3 竞赛·学业

中国教育体系的一个重要特征是基于学业成绩的选拔性[15]。竞赛激励法是指通过组织开展正确的竞赛活动,以增加参与者不甘落后的压力感和奋发向上的竞争心的激励方法。美国心理学家亚伯拉罕·马斯洛于1943年在《人类激励理论》论文中提出,人的需求分为生理、安全、社交、尊重和自我实现五个层次。当代大学生在父母、学校、社会的多重培养下,需要着重解决的是自我实现这一需求[16]。

单项奖学金就是为更好地激励创新型人才、特长型人才,对在德、智、体、美等方面有特殊才华的学生予以表彰和鼓励,其评选的条件就不能完全依赖综合测评成绩,而要与国家奖学金等综合类奖学金的评选条件有所区别。科研创新单项奖就是对积极参与科研活动,在国内外学科竞赛中获奖或者获得国家专利等学生的奖励,这样才培养学生的科研能力和创新能力[17]。

根据对往年获奖学生的跟踪调查发现,获奖学生比其他学生有较好的持续发展潜力,部分学生经历过赛事后提高了学术兴趣,进而走上科研的道路。有些竞赛中的佼佼者甚至获得推免资格,进入国内顶尖高校学习,保持他们对学术的热爱。比如浙江工商大学的周佳雯获得2011年浙江省大学生统计调查方案设计竞赛一等奖,之后保研至上海社科院,并于2014年成功申请硕博连读。

总之,高校作为国家和社会高层次人才培养的前沿阵地,对于提高大学生科技创新能力义不容辞[1]。浙江省大学生学科竞赛如火如荼地开展,旨在提高大学生的实践动手能力、科技创新能力和团队精神,激发大学生进行科学研究与探索的兴趣,挖掘大学生的创新潜能与智慧,为优秀人才脱颖而出而创造出良好的条件,从而推动高等教育人才培养模式和实践教学的改革,不断提高人才培养的质量。大学生学科竞赛的意义不仅仅在于对大学体制内的少数学生进行精英式集训和实践能力强化,更重要的在于作为"竞赛群"这个整体,对大学创新教育体系的外延影响[2]。竞赛平台的创建,在一定程度上加强了教育与产业、学校与社会、学习与创业之间的联系。地方院校逐渐意识到学科竞赛在人才培养中的引领作用,相继出台了鼓励大学生参加学科竞赛、提高创新能力培养的制度,提高竞赛的档次和水平[3]。

5. 存在的问题和改进思路

该如何优化评奖机制,需要制度创新;本科院校学生和高职院校学生的技术能力有差异,该如何统筹安排,需要加强培训和规范组织,需要组织创新;为了让更多学校踊跃参与到竞赛中来,弘扬实践创新,该如何扩大参与度,需要宣传创新。

参考文献

[1] 员玉良,张健,杨丽丽. 创新竞赛驱动的电子类专业大学生科技创新能力培养[J]. 农业网络信息,2015(12):135-136.

[2] 程磊,戚静云,兰婷,等. 基于"学科竞赛群"的自动化卓越工程师创新教育体系[J]. 实验室研究与探索,2016(6):152-156.

[3] 薛艳茹,刘敏,赵彤,等. 依托学科竞赛提高地方院校大学生创新能力[J]. 实验技术与管理,2013(6):170-173.

［4］刘丽,朱晓林,马晓琳.以学科竞赛促进大学生的创新创业能力提升［J］.辽宁科技大学学报,2014(2):180-183,191.

［5］张姿炎.大学生学科竞赛与创新人才培养途径［J］.现代教育管理,2014(3):61-65.

［6］林文卿.基于科技竞赛的大学生创新能力培养分析［J］.科技与管理,2010(2):141-144.

［7］杨威.依托科技竞赛和创新性实验计划培养大学生科技创新能力的研究［J］.思想政治教育研究,2010(2):114-116.

［8］刘威.科技竞赛对大学生创新思维发展积极作用的研究［D］.太原:太原科技大学,2013.

［9］王凤,万智萍,叶仕通,等.科研项目和学科竞赛载体下创新团队的构建［J］.宁波大学学报(教育科学版),2014(1):57-60.

［10］李伟伟,高庆华.基于科技竞赛的理工科大学生创新能力培养［J］.中国电力教育,2011(4):171-172,174.

［11］李永慧,范宇琦,李华晶.创新创业竞赛对大学生创业影响实证分析——以北京林业大学为例［J］.现代商贸工业,2012(20):79-80.

［12］杨堃,熊维.依托技能竞赛提升高校学生就业能力探析［J］.重庆第二师范学院学报,2014(1):169-170.

［13］王源辉.以就业和学生的学习产出为导向,推进网络化职业技能竞赛［J］.经营管理者,2016(21):433-434.

［14］谭光兴,赵嘉,曾文波.学科竞赛创新教育模式对大学生就业影响的分析与思考［J］.高教论坛,2015(7):109-111.

［15］孙志军,彭顺绪,王骏,等.谁在学业竞赛中领先?——学业成绩的性别差异研究［J］.北京师范大学学报(社会科学版),2016(3):38-51.

［16］昌进,贾品第.竞赛激励下的设计艺术创新研究［J］.包装世界,2016(6):79-81.

［17］张锋.高等院校大学生单项奖学金制度探析［J］.才智,2014(36):44,46.

学科竞赛的发展及其提升大学生创新能力的效果

袁小凤,黄在委,李洪涛,黄燕芬,窦晓兵,朱君华

(浙江中医药大学　浙江杭州　310053)

摘要:浙江省大学生生命科学竞赛经历了9年的发展,其竞赛规模日益壮大,2017年已经上升为国赛。生命科学竞赛特色鲜明,选题开放,重视过程培养,依托竞赛网络平台实时上传相关数据。调查表明,通过参加浙江省大学生生命科学竞赛,大学生得到了系统的科研训练,创新能力明显提高。与没参加的学生相比,参加过竞赛的学生无论在学习成绩、评奖评优,还是在就业方面,都有明显优势。学科竞赛激发了大学生参与创新活动的积极性和主动性,形成了以赛促学的良好氛围,导致创新创业活动全面开花,大学生创新能力和科研素质大大提高。

关键词:生命科学竞赛;创新能力;实践动手能力;综合素质

2015年5月4日,《国务院办公厅关于深化高等学校创新创业教育改革的实施意见》中对加强高校创新创业教育提出明确要求:2015年起全面深化高校创新创业教育改革,支持育人为本,提高培养质量;坚持问题导向,把解决高校创新创业教育存在的突出问题作为深化改革的着力点,增强学生的创新精神、创业意识和创新创业能力;坚持协同推进,汇聚培养合力,把完善高校创新创业教育体制机制作为深化改革的支撑点,形成全社会关心支持创新创业教育和学生创新创业的良好生态环境。由此看出,目前国家对大学生创新能力的培养的重视到了前所未有的高度。

在这样的背景下,浙江省大学生生命科学竞赛显得非常重要。为培养

大学生的社会责任感、创新意识、团队精神和实践能力,2007年,浙江中医药大学发起并承办了首届浙江省大学生生物技能竞赛。经过两年的试行,浙江省大学生生命科学竞赛于2009年正式被纳入浙江省大学生科技竞赛。至2017年,其已成功举办9届竞赛,生命科学竞赛的辐射范围和影响力越来越大。

当然,一个学科竞赛要走可持续发展的道路,必须解决以下问题:①生命科学竞赛是否提升了大学生的创新能力? ②生命科学竞赛对学生有哪些促进作用? 因此,有必要对已有的竞赛情况做一个全面系统的调查和总结,以真正了解学科竞赛的作用。

1. 生命科学竞赛的概况

浙江省大学生生命科学竞赛是由大学生科技竞赛委员会主办、浙江中医药大学承办的省级赛事。其参加对象包括浙江省内外高等学校全日制本、专科在校大学生,每队4~5名队员、1~2名指导老师。每年根据竞赛委员会提供的主题,各参赛队利用课余时间进行实验设计,开展实验研究或野外调查,记录实验或调查过程,获得实验或调查结果,形成作品,撰写论文。

学生形成作品之后,开始进行网络评比,评比内容包括实验设计(20分)、实验过程及记录(35分)、研究论文(15分)以及现场决赛答辩(30分)。值得一提的是,该竞赛非常注重过程,要求在实验当天及时上传实验过程原始记录和实验结果,这些实验过程记录分值占35%,这一点与挑战杯等竞赛完全不同。此外,该竞赛辐射面很广,不限参赛学校,不限专业,不限国籍。

2. 生命科学竞赛的特色

2.1 参赛面广,涵盖省内外多专业,影响力逐年扩大

浙江省大学生生命科学竞赛参赛专业不仅涵盖了生物科学等传统生物类专业,而且包括临床医学、药学、医学检验、食品科学与工程、制药工程、海洋科学、环境科学等相关专业;其不仅吸引了山东、江苏、安徽、上海等省外

走进生命科学——竞赛篇

高校学生参赛,而且吸引了外国留学生参赛,使得该竞赛成为一个高度融合的交流平台。从表1可以看出,从2009年起,选题范围很广,便于更多高校参加。参加学校从最初的5所发展到52所,参赛队伍从46支发展至925支,参赛人数从280人发展到4620人。参赛高校从省内扩展到省外。参赛学生从高职生到一本生,从中国学生到外国留学生。这些年的发展无不体现了生命科学竞赛的强大吸引力和影响力。

表1　浙江省大学生生命科学竞赛的发展及历届参赛情况

届数	年份	承办学校	选题学科领域	参赛学校/所	参赛队伍/支	参赛人数/人	一等奖/项	二等奖/项	三等奖/项
一	2009	浙江中医药大学	微生物	33	46	280	3	7	12
二	2010	浙江中医药大学	生化与分子生物学	32	52	400	5	11	18
三	2011	浙江中医药大学	遗传学、生态学	33	139	500	7	19	30
四	2012	浙江农林大学	生物安全	36	221	930	15	28	47
五	2013	中国计量学院	生物综合	38	345	1600	26	45	76
六	2014	浙江理工大学	生物与健康	42	475	2300	36	69	113
七	2015	宁波大学	生物与环境	43	659	3200	48	90	142
八	2016	温州医科大学	生命科学	52	925	4620	74	138	231

2.2　选题开放,覆盖生命科学各领域

竞赛侧重生命科学学科的各个领域,每年定一个大的主题,不限专业,不限形式,没有统一答案,体现了学科竞赛培养创新和发散思维的理念和宗旨。历年竞赛主题见表1。

2.3　重视过程培养,依托竞赛网络平台实时上传相关数据

本次竞赛历时7~8个月,参赛学生每做一次实验,2天内要在网络上提

交实验记录,分析实验结果。重视过程培养,体现了学科竞赛培养科学思维和求真务实的科学态度的理念和宗旨。

2.4 竞赛公平公正,全程化、双盲化、第三方介入

竞赛邀请资深教授作为竞赛委员会主任,严格遵守第三方评审原则,采取了第三方、匿名、双盲、回避等进行网络评比,决赛现场信号屏蔽、午间不离场、网络评比与现场评比专家不重复等制度,体现了学科竞赛公平公正的理念和宗旨,推动竞赛健康持续发展,虽然赛事白热化,同学们、老师们心服口服,会后师生们相互取经,加深了友谊。

2.5 双向互动,竞赛与教学改革相呼应

浙江省竞赛委员会与浙江省生命科学院(系)协作会双向互动,竞赛成为教学环节展示优势、暴露问题的平台,院系协作会为研讨分析、改善、交流、学习的平台。竞赛结束后召开评委会,每一答辩小组都对竞赛做了点评,对竞赛的组织工作提出宝贵的意见和建议。同时,竞赛闭幕式上安排全省第一名的团队进行表演展示,无不体现以赛促教、以赛促学、共同促进人才培养的竞赛理念。

3. 生命科学竞赛对大学生创新能力的提升作用

实践表明,竞赛对学生的各方面都有提升作用,尤其对学生的综合素质和创新能力有很好的提升作用。通过参加浙江省大学生生命科学竞赛,本科生受到了系统的科研训练,创新能力明显提高。与没参加的同学相比,参加过竞赛的学生无论在学习成绩、评奖评优,还是在就业方面,都有明显优势。学科竞赛大大激发了大学生参与创新活动的积极性和主动性,形成了以赛促学的良好氛围,创新和科研素质大为提高。

我们针对竞赛对学生的作用做了调查问卷,总共分发了500份问卷并全部收回。调查结果如表2所示,77.8%的学生认为大学应该至少参加一次学科竞赛;43.2%的学生参加了至少一次的生命科学竞赛;72.2%的学生认为学科竞赛对学生成绩和评优获奖有帮助;78.8%的学生认为参加学科竞赛对就业和考研有帮助;31.8%的学生认为学科竞赛使学生提升了科研创

新能力,22.4%认为提高了实践动手能力,21.1%认为提高了文献检索能力,18.4%认为提高了团结协作能力。

表2 生命科学竞赛对学生的影响

1. 大学生是否有必要参加学科竞赛?	是:389人(77.8%);否:111人(22.2%)
2. 在大学期间参加过几届省学科竞赛?	未参加:284人(56.8%);参加1次:178人(35.6%);参加2次:34人(6.8%);参加3次:4人(0.8%)
3. 若下次举办省级生命科学竞赛,是否参加?	是:392人(78.4%);否:108人(21.6%)
4. 参加过学科竞赛,所获最高奖项是什么?	一等奖:60人(12.0%);二等奖:75人(15.0%);三等奖:208人(41.6%);未获奖:257人(51.4%)
5. 大学期间是否获奖,最高级别为?	院级:57人(11.4%);校级:184人(36.8%);省级以上:48人(7.6%);其他奖学金:20人(4.0%);未获奖:191人(38.2%)
6. 学科竞赛是否对成绩或评优有帮助?	有:361(72.2%);无:139人(27.8%)
7. 竞赛是否对找工作或考研有帮助?	有:394人(78.8%);无:106人(21.2%)
8. 学科竞赛提高了哪方面的能力?	文献检索能力:144人(21.1%);科研创新能力:217人(31.8%);实践动手能力:153人(22.4%);团队协作能力:126人(18.4%);其他:43人(6.3%)
9. 参加学科竞赛后,自己有什么改变?	成绩比以前更好:54人(9.6%);比以前更有信心:144人(25.5%);决心考研深造:98人(17.4%);有信心找到好工作:86人(15.2%);其他:182人(32.3%)

　　总体来说,生命科学竞赛有利于培养学生的创新意识。生命科学竞赛内容广泛,综合性强,需要学生主动思考、大胆创新,不仅要利用已学知识,还需通过检索、查阅文献额外学习新知识,学会分析问题、处理问题的思维方法。生命科学竞赛是学生思维过程的综合体现,是对理论和实践知识的综合运用。

　　除此之外,生命科学竞赛有利于培养实践动手能力。生命科学竞赛非常注重过程,既要求学生有分析问题、实验设计的能力,还要有扎实的基本功、良好的心理素质。学生实验是探索性实验,在实际操作之前无法估计结果,需要大量的预实验作为铺垫:通过试验探索、修改实验方案、优化实验步骤,学生能够更准确地获得实验数据。实验记录当天上传,促使学生养成及时记录数据的良好习惯,思考实验的不足,以优化实验方法。在长达几个月的时间里,学生还需合理安排实验进度。这些都有助于培养学生合作意识及时间安排意识。

4. 结语

浙江省大学生生命科学竞赛经过九年的发展,其特色越发明显。该竞赛与其他竞赛不同的是,更注重大学生的科研过程培养,注重提高大学生的实践能力、创新能力和协调能力。本次调查结果虽然主观因素较多,但也能很好地反映学生的变化,这与每个学校反馈的学生信息也相当一致,其实际提升效果有目共睹。正因为如此,该赛事于2017年正式成为国家级竞赛,相信随着竞赛的发展,其对大学生创新能力的培养作用将会越发明显。

参考文献

[1] 丁兴华,向阳,邱志兵,等. 大学生临床技能竞赛对临床医学教育改革的启示[J]. 中华医学教育杂志,2013,33(1): 36–37.

[2] 黎尚荣,梁玲,王淑珍. 全国高等医学院校大学生临床技能竞赛的教学思考[J]. 中华医学教育杂志,2013,33(5): 31–33.

[3] 杨贺,于晓松,温华. 某高等医学院校大学生临床技能竞赛的教育测量学指标评价[J]. 中华医学教育探索杂志,2015,14(4): 6–8.

[4] 罗春丽,吴绮思. "挑战杯"竞赛的思考[J]. 医学教育探索,2008(11):1209–1210.

走进生命科学——竞赛篇

网络平台在大学生生命科学竞赛中的应用

袁小凤[1],窦晓兵[1],吴敏[2],陈忠斌[3],黄燕芬[1],朱君华[1]

([1]浙江中医药大学　浙江杭州　310053)

([2]浙江大学　浙江杭州　310058)

([3]杭州习磊科技有限公司　浙江杭州　310012)

摘要:浙江省大学生生命科学竞赛已经举办了九届,全国大学生生命科学竞赛已举办第一届。由于参赛队伍众多,竞赛材料数目庞大,因此用计算机网络评比平台收集和评审参赛队伍所交材料,构建无纸化评分系统成为一个合理的选择。利用网络竞赛评分平台,可以保证竞赛的公平性、保密性、全程化、双盲化,在参赛队伍管理、专家评审、分数统计、结果展示上都有着较大的优势,提升了竞赛的效率,保证了竞赛的公平公正。

关键词:计算机网络;竞赛评分系统;无纸化;大学生生命科学竞赛

2017年1月24日,教育部印发的《统筹推进世界一流大学和一流学科建设实施办法(暂行)》对高校的学科建设提出了明确的要求:我国高等学校教育需要坚持以学科为基础,支持建设一百个左右的学科,着力打造学科领域高峰。支持一批接近或达到世界先进水平的学科,加强建设关系国家安全和重大利益的学科,鼓励新兴学科、交叉学科,布局一批国家急需、支撑产业转型升级和区域发展的学科,积极建设具有中国特色、中国风格、中国气派的哲学社会科学体系,着力解决经济社会中的重大战略问题,提升国家自主创新能力和核心竞争力。强化学科建设绩效考核,引领高校提高办学水平和综合实力。

在这样的大环境背景下,大学生生命科学竞赛的举办尤为重要。为了培养高水平的大学生,提高大学生的创新意识与核心竞争力,经过10年的发展,浙江省已经成功举办了九届竞赛,并且发展为全国大学生生命科学竞赛,2017年已举办第一届,反响相当好。大学生生命科学竞赛分为两部分:一是网络评比,即评审通过网络上传的研究综述、实验设计、实验记录、研究论文的评审;二是现场答辩评审。那么对于众多的上传材料,建立一个完善的竞赛网络平台成为重中之重。对于这样的问题,大学生生命科学竞赛委员会联合网络公司,建立了大学生生命科学竞赛网络平台,学生可以在平台上上传资料,专家可以在平台上对上传的资料进行评比,大大提高了竞赛评分效率,保证了公平公正。经过多年的应用和升级,网络竞赛取得了良好的评价。

1. 系统简介

本系统应用基于LAMP环境开发平台,主体代码采用PHP编程语言和服务端Apache的契合的开发技术,同时也应用了HTML、CSS、JavaScript、ajax等其他编程语言(见图1)。

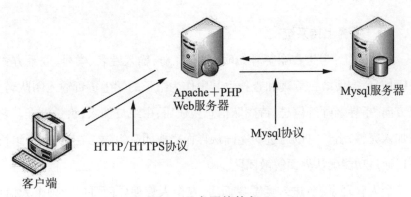

图1　平台网络构架

Linux＋Apache＋Mysql＋PHP是一组常用来搭建动态网站或者服务器的开源软件,本身都是各自独立的程序,但是因为常被放在一起使用,所以兼容度越来越高,共同组成了一个强大的Web应用程序平台。Apache架构可以兼容HTTP/1.1通信协议,适用于主流的操作系统,在记录日志和监视服务器自身运行状态方面提供了很大的灵活性。PHP作为一种通用开源脚本语言,与 smarty 模板组合开发,使得平台具有更高的动态读取性。Mysql 架构可提供快速的存储与查找。整体平台的开发为实现竞赛的高水平、高质量打下了坚实基础。

该平台用户注册和登录时使用了 ajax 和后台的数据进行交互。如果用户输入的数值并不是符合正常流程的数值,那么网页就会输出提示信息,从而提高用户体验。而一些重要的数据,能够直接根据数据的循环处理,并且调用 PHP Excel 的 PHP 类库,直接导出 Excel,确保 Excel 的数据和网页显示的数据是一致的,保证了竞赛的公平。同时,PDF 脚本直接通过链接 PDF 的路径,直接在网页层面显示了 PDF 内容,包括 PDF 下载等功能。最后,系统通过调用 Linux 的 shell 的方式,运行安装在 Linux 服务器下面的 pdf to txt 命令,将 PDF 转化成 TXT 文件,然后 PHP 脚本根据 fopen( ) 函数对 TXT 文件进行文字的提取,并且将这个字符串保存,检测字符串里面的非法字符,为竞赛的保密原则打下坚实基础。

2. 功能描述

2.1 竞赛上传系统

注册系统:学生在竞赛开始时,需要注册,输入姓名、学号、联系方式等关键信息,方便统一管理和查找。其中作为组长的学生负责输入团队名、研究方向、指导老师等信息,待团队信息生成后,由组员加入,组长批准。若组员加入完整,组长可以通过功能确认界面完成团队组建。在竞赛中,组长也可以通过功能确认界面解散团队。

个人管理系统:进入竞赛界面后,在个人管理界面可以管理个人信息,包括个人信息的修改和密码的修改,在后台管理确认后,即修改成功。

记录上传系统:竞赛过程中要求每组上传 1 篇综述和 1 篇实验设计路线,之后方可上传实验记录。实验记录每天可以上传 2 篇,每篇记录分为实验描述和实验结果两部分,实验描述每日限定 500 字,而实验结果需要上传 1 个 3MB 以内的 PDF 文件。在竞赛结束之前,每组需要形成最终结论并上传 1 篇正文(即不包括参考文献)在 4 页以内的论文。在论文的上传过程中有审核。团队中每位成员都可以通过平台阅览小组上传的资料。同时,如果发现上传有错误,可以报备后撤回,重新上传。

相关界面与系统见图2~图5。

图2 竞赛平台登录界面(学生)

图3 竞赛平台界面(学生)

图4 个人管理系统

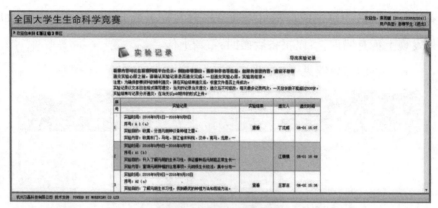

图5　记录上传系统

2.2　管理员系统

每个参赛学校均配备一位教师管理员,他可以看到本校队伍的所有信息,主要负责本校所有参赛队伍的审核,以及与网络公司的沟通工作。

2.3　专家评分系统

待竞赛材料上传阶段过后,平台将会按照规避本校队伍原则从专家库中随机抽取评审专家。被选中的专家将通过邮件获得自己相应的账户进行评分。评分过程中所发现的问题都会通过后台递交给竞赛管理方及时解答。在评审过程中,若专家需要给一个团队打零分,则需要填报理由,平台会横向对比其余专家的打分进行分析,以排除专家随意批改或恶意批改的可能性。专家网络评比结束后,平台会对各支队伍的比分进行分析,如果极差大于15分,则会另选专家进行复选,尽可能排除个人因素的干扰,保证竞赛的公平公正。

2.4　后台管理系统

平台设有后台管理系统(见图6、图7),可以管理参赛学校信息、参赛团队信息和网络评比专家库。通过后台管理系统,可以了解各支参赛队伍期间的实验进度,给参赛团队撤回实验记录、修改账号密码等提供帮助。平台设置的专家管理库不仅可以抽调网络评比专家,而且能够在网络评比期间对专家的网络评比进度进行分析和导出,有利于对专家的网络评比进度进行管理。

图6　后台管理系统界面

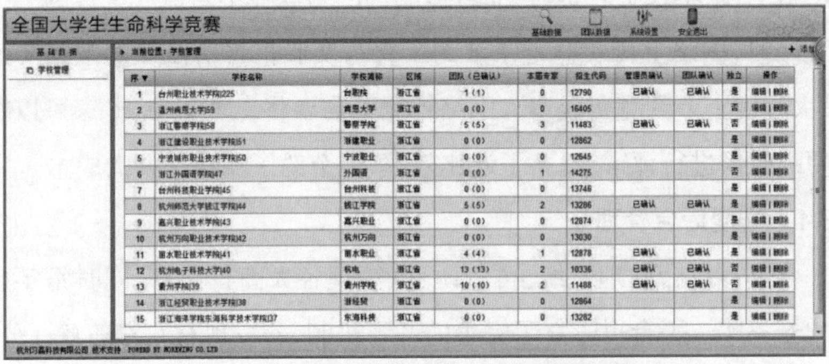

图7　后台管理系统中的团队管理界面

评审过程结束后,平台会根据网络评比成绩自动导出成绩单,根据分数排名划分进入现场答辩的队伍和认定二等奖、三等奖。对于参赛队伍多于15支的学校,为保证参赛积极性,会根据实际情况保证有1支队伍获得二等奖或三等奖;对于参赛队伍多于3支的学校,则会根据实际情况保证有1支队伍获得三等奖。

3. 系统优势

3.1 保障竞赛公平公正

平台通过无纸化、双盲化、第三方、匿名、回避等进行网络评比,严格遵守第三方评审原则,可以大大减少队伍信息泄露。对于泄露信息的队伍,则会做出成绩无效的惩罚,保障了竞赛的公平公正。

3.2 保障竞赛保密性

网络评比环节中,系统会自动隐去参赛队伍的学校信息、学生和指导教师等的个人信息。评审专家要遵守国家关于知识产权保护的相关法律规定,未经参赛队伍同意,不得擅自向第三方传播参赛项目内容或将其用于商业目的。要对评审工作严格保密,未经竞赛执行委员会同意,不得擅自泄漏评审工作细节。在评审结束之前,任何评委不得以任何方式对外宣布、泄露评审情况和结果。这最大限度上保障了竞赛的保密性。

3.3　提高竞赛效率,节约竞赛成本

大学生生命科学竞赛需要各参赛队伍每日上传实验记录,若没有使用竞赛网络平台,不仅费时费力,而且可能会因为保存不当造成文件的丢失和损坏。同时,网络上传实验记录节约了誊写实验报告所需要的纸张等消耗品,最大程度上节约竞赛成本。网络评比不需要将专家集中,专家可以在自己方便的时候进行评审,提高了评比效率,也节约了竞赛举办的成本。

3.4　方便后台管理

平台具有后台管理系统,可以统计、管理各大高校信息,同时每年建立完整的专家库。平台也建立了完善的考评机制,若发现有专家随意评分,可以将专家信息从平台中永久删除。在网络评比期间,每天可以从后台管理系统中查询并导出各位专家的评审过程,方便管理方统筹安排网络评比过程。

3.5　方便资料保存

网络平台的一大优势就是可以利用较小的空间保存海量的信息,可以有条理地整理历年的信息,包括团队信息、专家信息,同时能在需要时及时抽调。纸质存档所需空间很大,保存较为烦琐,管理需要大量人力物力,抽调过程也极为复杂。由此可见,通过网络平台保存信息不仅能够节省人力物力,也能保存大量信息,迅速完成信息的抽调。

4. 应用效果

网络平台已经在浙江省大学生生命科学竞赛中应用多年,经过长时间的使用和升级,获得了广泛的好评,取得了较好的效果。在2017年第一届全国大学生生命科学竞赛中也收获了很好的评价和充分的反馈。该平台的

使用不仅大大简化了材料评审的复杂过程,也为竞赛的公平性和保密性提供了坚实的保障。今后这个平台也将不断吸取意见,保障大学生生命科学竞赛的举行,推动各高校的学科建设。

参考文献

[1] 国务院.国务院关于印发统筹推进世界一流大学和一流学科建设总体方案的通知[EB/OL].(2015-11-05)[2017-07-11].http://www.moe.gov.cn/jyb_xxgk/moe_1777/moe_1778/201511/t20151105_217823.html.

[2] 郑兢力,厉岩,罗隽宇,等.计算机网络评分系统在临床技能竞赛中的应用[J].中华医学教育探索杂志,2015,14(4):361-364.

[3] 陈海俊.基于网络测评的竞赛管理系统设计与实现[D].南昌:江西财经大学,2015.

[4] 周晓惠.浅析"挑战杯"竞赛的作用及其发展对策[J].新西部(理论版),2012(6):143.

[5] 丁激文,张朝辉.激励机制在高校学科竞赛中的作用浅析[J].科技管理研究,2008,28(2):116-117.

[6] 王晓勇,俞松坤.以学科竞赛引领创新人才培养[J].中国大学教学,2007(12):59-60.

[7] 孙爱良,王紫婷.构建大学生学科竞赛平台培养高素质创新人才[J].实验室研究与探索,2012,31(6):96-98.

[8] 张瑞东,赵学余.加强学科竞赛队伍建设提高综合教学水平[J].实验室研究与探索,2010,29(10):169-172.

走进生命科学——竞赛篇

基于网络平台的大学生生命科学竞赛系统研发和应用

袁小凤[1]，陈忠斌[2]，窦晓兵[1]

（[1]浙江中医药大学　浙江杭州　310053）

（[2]杭州习磊科技有限公司　浙江杭州　310012）

摘要：为了扩大大学生生命科学竞赛的规模，我们利用LAMP环境开发平台，设计并开发了基于PHP＋Apache＋Mysql的展示平台。该平台的使用不仅大大简化了材料评审的复杂过程，而且为竞赛的公平性和保密性提供了坚实的保障，收获了很好的评价和充分的反馈。

关键词：大学生生命科学竞赛；网络平台；竞赛评分系统；开发；应用

为建设双一流学科，培养高素质创新人才，各类学科竞赛起到越来越重要的作用，构建优秀的大学生学科竞赛平台也显得尤为重要[1]。迄今为止，浙江省大学生生命科学竞赛已经举办了九届，由于参赛队伍众多，竞赛材料数目庞大，因此，从第三届开始，竞赛组委会委托网络公司开发了一个竞赛网络平台，采用该平台收集和评审参赛队伍所提供的材料，构建无纸化评分系统。本系统应用基于LAMP环境开发平台，设计并开发了基于PHP＋Apache＋Mysql的展示平台，主体代码采用PHP编程语言和服务端Apache的契合的开发技术，同时也应用了HTML、CSS、JavaScript、ajax等其他编程语言[2-3]，并且在实际应用的过程中不断优化。该网络平台在参赛队伍管理、专家评审、分数统计、结果展示等方面都有着较大的优势，不仅提升了竞赛的效率，而且保证了竞赛的公平公正。

1. 平台的开发

随着网络的发展,开放源代码的LAMP已经与J2EE、Net商业软件形成三足鼎立之势。利用Linux+ Apache+ Mysql+ PHP搭建动态网站或者服务器的开源软件,共同组成了一个强大的Web应用程序平台。LAMP负责提供70%以上的访问流量,而PHP相关技术配合先进的文本开发管理工具,完整地执行了客户端的访问请求过程。

1.1 Apache架构

作为世界上最流行的Web服务器,Apache支持最新的HTTP/1.1通信协议,默认端口号为80。它完全兼容HTTP/1.1协议,并与HTTP/1.0协议向后兼容,几乎可以在所有的计算机操作系统上运行,包括主流的UNIX、Linux及Windows操作系统。其配置文件简单,易操作。

Apache有以下功能:①支持实时监视服务器状态和定制服务器日志;②支持多种方式的HTTP认证和Web目录修改;③支持Perl、PHP等CGI脚本;④支持服务器端包含指令(SSI)、安全Socket层(SSL)及Fast CGI;⑤支持虚拟主机及虚拟主机服务;⑥跟踪用户会话,并支持动态共享对象;⑦支持多进程及第三方软件开发商提供的功能模块;⑧支持多线程和多进程混合模型的MPM。图1为Apache架构图。

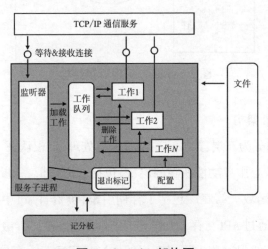

图1 Apache架构图

1.2　超文本预处理器PHP

PHP是一种通用开源脚本语言,混合了C、Java、Perl的语法以及PHP自创的语法。它将程序嵌入HTML文档中去执行,执行效率比完全生成HTML标记的CGI要高许多。PHP还可以执行编译后代码,编译可以达到加密和优化代码运行,使代码运行更快[4]。

PHP是在smarty模板的环境下开发的。smarty模板通过index.php的入口文件,对smarty控制器文件生成一个PHP格式的编译文件。当缓存机制未开启时,浏览器会读取这个编译文件并显示出来;当开启缓存机制时,smarty控制器会生成一个静态HTML页面,即缓存文件com_index.tpl,这样浏览器读取性能更高。smarty模板目录结构如图2所示。

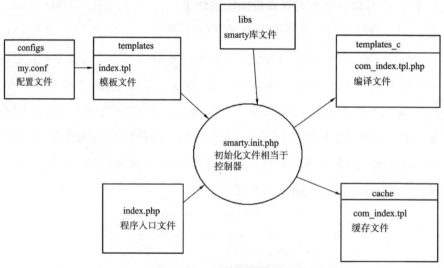

图2　smarty模板目录结构

1.3　Mysql架构

Mysql架构分为三层:第一层主要是连接处理、授权认证、安全等。第二层是Mysql的核心服务功能所在的层次,包括查询解析、分析、优化、缓存以及所有的内置函数。第三层包括了存储引擎,负责Mysql中数据的存储和提取。服务器通过API与存储引擎进行通信,这些接口屏蔽了不同存储引擎之间的差异,使得这些差异对上层的查询过程透明。存储引擎API包含几十个底层函数,用于执行诸如"开始一个事务"或者"根据主键提取一行记录"等操作[5]。

每个客户端连接都会在服务器进程中拥有一个线程,这个连接的查询只会在这个单独的线程中执行,该线程只能轮流在某个CPU核心或者CPU中运行。服务器负责缓存线程,因此不需要为每一个新建的连接创建或者销毁线程。当客户端连接到Mysql服务器时,需要对其进行认证,认证基于用户名、原始主机信息和密码。客户端连接成功后,服务器会继续验证该客户端是否有执行某特定查询的权限。Mysql会解析查询,并创建内部数据结构(解析树),然后对其进行各种优化。用户可以通过关键字提示优化器,进而影响决策过程。对于select语句,服务器会先检查查询缓存,如果能在其中找到对应的查询,就不必再执行查询解析、优化和执行的全过程,而是直接返回查询缓存中的结果集。

2. 网站特色

开发的网站有以下特色。①前后台ajax判断:用户注册和登录时使用了ajax和后台的数据进行交互。如用户输入的数值并不符合正常流程,网页就会输出提示信息,从而优化用户体验。②数据的导入导出功能:对于一些重要的数据,系统能通过对数据的循环处理,并调用PHP Excel的PHP类库,直接导出Excel,确保Excel的数据和网页显示的数据一致。③PDF在线查看:PDF脚本通过链接PDF路径,直接在网页层面显示PDF内容。④PDF提取检测文字功能:系统通过调用Linux的shell方式,运行安装在Linux服务器下面的pdftotxt命令,将PDF转化成TXT文件,PHP脚本根据fopen()函数对TXT文件进行文字的提取,并且将这个字符串保存,然后检测字符串里面的非法字符,从而实现该功能。

3. 网站应用

该网络平台已经在浙江省大学生生命科学竞赛中应用6年。通过几年的应用和升级,目前网络平台包括三大系统:竞赛上传系统、管理员系统以及专家评分系统。这些系统能实现竞赛队伍的网络报名、实验数据上传、网络评比,并能实时监控所有过程。

在网络报名环节,网络平台的注册系统,包括个人管理系统和记录上传系统如图3所示。参加竞赛的学生需要进行注册,输入姓名、学号、联系方式等关键信息,组建团队。在个人管理界面可以管理个人信息,包括个人信息的修改和密码的修改,在后台管理确认后,即修改成功。竞赛过程中每组需上传一篇综述和一篇实验设计方案,然后每天上传实验记录,实验结束后上传实验心得及实验论文。

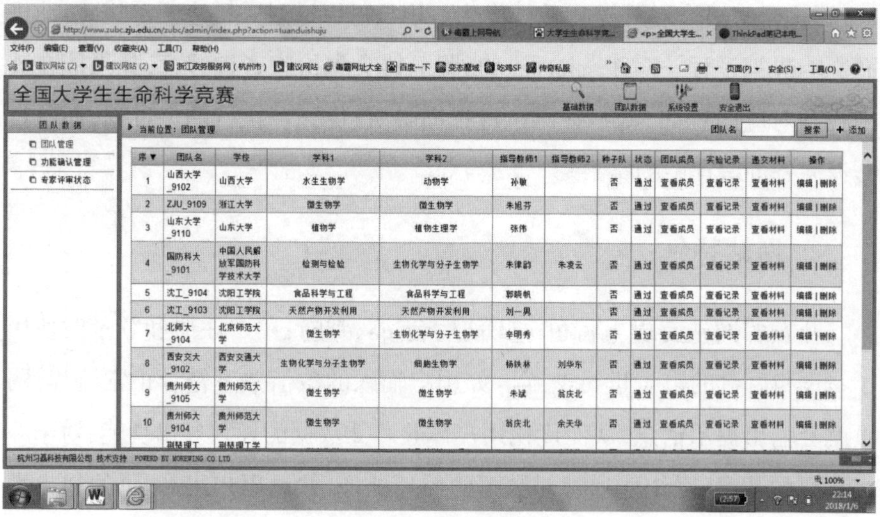

图3　网络报名

在管理员系统中,每个参赛学校均配备一位教师管理员,登录后可看到本校所有队伍的信息,主要负责本校所有参赛队伍的审核,以及与网络公司的沟通工作。

在专家评分系统中(见图4),网络可以根据专家的学校、专业,根据回避原则从专家库中随机抽调专家进行评审。每个专家评审30~40份材料。平台对专家的评审进行实时监控,及时了解专家评审状态,并对评审结果进行横向比较,如果同一份材料不同专家的分数极差大于10分,则会另选专家进行复审,尽可能排除个人因素的干扰,保证竞赛的公平公正。

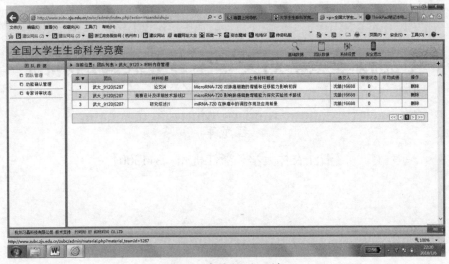

图4 专家评分系统

总之,随着竞赛的发展,竞赛网络平台也在不断完善,在应用的过程中发现问题,及时反馈,及时解决问题,以便更好地为竞赛服务。

参考文献

[1] 孙爱良,王紫婷.构建大学生学科竞赛平台 培养高素质创新人才[J].实验室研究与探索,2012,31(6):96-98.

[2] 黄宪森,张家爱,靳哲,等.高校学科竞赛网络管理平台的建设[J].四川水泥,2017(1):243.

[3] 金佳威,潘华,归诗芸,等.基于PHP的大学生科创竞赛展示平台的设计与实现[J].经营管理者,2015,32:480.

[4] 穆仁龙,张鹏,严祖平,等.基于PHP的"盛群杯"竞赛管理系统设计及实现[J].中国科技博览,2010(34):40.

[5] 郭诗维,雒晓卓.网络竞赛系统框架设计与功能模块实现[J].电脑编程技巧与维护,2011(10):84-85.

生命科学竞赛对大学生专业兴趣培养的作用

程龙军

（浙江农林大学　浙江杭州　311300）

摘要:高校学生专业兴趣培养往往决定着人才培养的成败。当前,由于我国生命科学研究和产业发展相对滞后,生命科学专业学生专业兴趣的提高不大。如何培养和提高学生专业兴趣,已经成了高校生命科学相关专业不可回避的问题。生命科学竞赛的开展为高校生命科学专业学生专业兴趣的培养提供了一个很好的平台。开放命题、教师和学生团队相结合的竞赛形式,能够充分发挥教师的引导作用,并能从学生专业认识提高、创造力激发、科学精神锻炼、专业认同强化等几个方面培养和提高生命科学专业学生的专业兴趣,对目前我国高校生命科学专业发展以及生命科学相关产业促进具有积极的推动作用。

关键词:大学生;学科竞赛;生命科学;专业兴趣

在过去的一个世纪里,生命科学的理论基础研究有了一个飞跃式发展。从DNA秘密的揭示到人类基因组测序,从经典遗传学到分子遗传学,人们对生命科学的认识越来越深入。同时,生命科学发展带来的变化深刻影响着人类社会生活的各个方面。遗传工程、细胞工程和蛋白质工程等给农林、食品、医药和化工等领域带来了革命性变化,产生了难以估量的社会效应和经济效益[1]。生命科学的影响已经渗入了现代社会生活的各个方面,并推动着整个社会的变革和发展。因此,21世纪是生命科学的世纪。未来生命科学领域的竞争力,将在一定程度上决定一个国家在国际科学领域的地位和国家竞争力[2]。

目前,中国几乎所有大学里都开设了生命科学相关专业。但对生命科学本科教育来讲,仍有许多阻碍我国大学中生命科学专业发展和进步的问题,如教学条件不足、教学方法落后、科研反哺教学不够等[3-4]。其中,学生对生命科学专业的专业兴趣普遍不高是一个重要问题。兴趣是最好的老师。爱因斯坦曾说过:"我认为对于一切情况,只有'热爱'才是最好的老师。"诺贝尔奖获得者杨振宁也认为:成功的秘诀是兴趣[5]。专业兴趣是决定一个学生能否在求学期间取得优异成绩的关键。长远来看,它还会左右学生未来在专业领域及职业生涯中所取得的成就,并在很大程度上决定了学校对人才的培养成功与否[6-7]。

1. 生命科学专业学生缺乏专业兴趣的原因

由于我国的生命科学研究水平与国际先进水平仍存在相当差距,国内生命科学相关产业发展相对滞后,导致部分生命科学专业的毕业生就业存在一定困难,从而丧失专业兴趣[8]。同时,生命科学枯燥、艰深的理论课程占据了相当的比例,使学生错误地认为专业与实践脱节,不利于锻炼自己的能力而缺乏专业学习兴趣。另外,由于目前大学授课方式的原因,学生与专业授课老师缺乏较为深入的接触,使学生的专业认知不能很好地得到引导,不利于学生专业兴趣的培养。这些是目前生命科学专业学生专业兴趣缺乏的主要原因。

我们当然可以通过积极进行专业教育、提高课堂教学质量、改进教学手段等方法来提高和培养学生对生命科学专业的兴趣。但笔者认为,生命科学相关的较为系统的专业实践活动,以及学生与专业老师的密切交流也是培养和提高学生专业兴趣不可或缺的内容,而生命科学竞赛恰好为生命科学专业的学生提供了这样一个平台。

2. 生命科学竞赛对学生专业兴趣培养的作用

大学生学科竞赛的开展,一方面可以在学生实践能力、创造力、合作精神等培养方面发挥重要作用;另一方面,它是迅速培养学生专业兴趣的良好契机[9-10]。始于2009年的浙江省大学生生命科学竞赛就是在响应国家教育、教学体制改革的基础上发起的一次有意义的专业教育改革尝试。它引导学生以团队加专业老师指导的方式开展生命科学相关实验和实践探索。同时,以较为开放的题目设计,让学生充分发挥自主能动性和创造力。另外,充分利用了指导老师的专业知识和技能,让整个团队以高效的形式组合和运作,使学生在一个相对较短的时间周期内完成一次深入的专业认知和实践的结合。这在最大程度上实现了学生对专业兴趣的培养和开发。

2.1 密切师生联系,为专业兴趣培养提供师资基础

大学教育不同于中学教育,课堂之外学生缺乏与专业教师的联系已成为目前我国大学教育的普遍现象。造成这种现状的原因是多方面的,如专业教师科研任务繁重,学生课业负担大等,但缺乏对学生有效的引导和组织也是一个重要原因[11]。大学的生命科学专业教师往往也是生命科学的一线研究人员,他们了解相关领域最前沿的进展。与专业老师和其从事的科研活动近距离地接触,有可能会大大激发学生的专业兴趣。生命科学竞赛在一定程度上增强了学生和专业教师的联系,为学生专业兴趣的培养提供了强有力的基础。

2.2 增强学生专业认知,为专业兴趣培养提供认识源泉

竞赛可以大大拓展学生在专业领域的知识范围,开拓学生视野。在竞赛过程中,学生需要在专业教师的指导下,结合自己的兴趣和选题,查阅大量文献,严谨设计实验方案。这将大大增加学生对专业知识的认知程度,扩大他们在专业领域的认知范围,使他们有机会对相关专业知识进行深入思考,进而深刻理解生命科学的本质及其对科技、社会的影响。以我对所接触参赛队伍成员的了解,学生赛后对相关专业知识的了解较赛前往往有质的提升。有了丰富的专业认知,其专业兴趣的培养也就水到渠成。

2.3 激发学生创造力,为专业兴趣培养添砖加瓦

生命科学竞赛较为开放的题目设计,给学生创造力的发挥提供了最大的空间。生命科学的影响几乎覆盖了人类社会和生活的各个方面,这给学

生想象力的发挥提供了良好条件。因此,学生往往可以结合自己的兴趣,充分发挥自己的想象力和创造力来设计自己参赛的题目,然后选择合适的老师进行指导。本科阶段的学生,创造力和精力非常旺盛,自我驱动型的学习和实践往往能取得意想不到的成功。笔者所在学校每年都有多支队伍获得浙江省大学生生命科学竞赛一等奖,获奖队伍的学生专业学习热情高涨,周围同学的热情也往往会被点燃,甚至大大提高了其所在班级的考研比例。当学生的创造力转化为他们的成功标志后,给他们提供了极高的专业成就感和满足感,并将这种成就感和满足感转化为专业兴趣,引导他们在专业学习和研究中快速前行。

2.4 锻炼学生科学精神,为专业兴趣培养提供坚实基础

生命科学是一门实验科学,严谨的科学态度,探索创新、唯实求真、崇尚真理的科学精神是实验科学研究者的必备素质。要想在竞赛中取得好成绩,则必须对选择的课题进行科学的论证、严谨的设计、小心的实验求证,这些都有利于良好的科学态度和科学精神的培养。而良好的科学态度和科学精神又能帮助学生不断在实验、实践中有所发现,有所成就。一旦学生的科学态度和科学精神建立起来,他们就能认识到生命科学的魅力所在,不再被那些对生命科学的偏见所困扰,专业兴趣建立的基础也就更为坚实。

2.5 强化学生专业认同感,为专业兴趣培养提供催化剂

在学科交叉越来越普遍、知识融合越来越深入的今天,以团队合作的形式来完成一项工作,不但可以提高效率,而且也是取得成功的一个关键因素。生命科学竞赛是一个团队合作项目。团队成员在项目设计、实验开展、报告撰写和答辩设计等方面都需要相互合作,这种合作能够提高学生相互之间沟通和交流的能力,培养团队合作精神及协作能力。更重要的是,团队协作中,大家可以互相鼓励,互相学习。比赛中,不同的团队之间存在交流和竞争,生命科学竞赛可以在更大范围上扩大学生的视野。这些都有利于强化他们的专业认同感,增强他们的专业自信。而专业自信和专业认同感是专业兴趣培养的催化剂。

3. 结语

生命科学发展到今天,已成为一个庞大的学科群,其所涉及的学科涵盖面广而且博大精深,生命科学问题层出不穷。生命科学所衍生的各种产业也在蓬勃发展,国际知名的生物种业公司(如孟山都、先正达、杜邦)、生物制药公司(如默克、辉瑞)等成为生物技术产业的榜样。在未来的生命科学研究和应用领域,生命科学专业的学生将大有可为。目前我国生命科学研究和产业发展的相对落后也是暂时的,随着中国经济的发展,生命科学的大发展也会迅速到来。因此,培养和提高生命科学专业学生的专业兴趣有利于为我国未来生命科学的快速发展储备人才和力量。生命科学竞赛所提供的平台在培养和促进学生专业兴趣方面具有非常积极的作用。我们应该抓住这个契机,积极推进生命科学竞赛在全国高校的开展,并建议采取适当的激励措施调动学生和专业教师的参与积极性,扩大它在高校生命科学专业学生中的影响,让其发挥更大的作用。

参考文献

[1] 赵肃清,张焜. 生命科学及生物技术现状与应用前景[M]. 广州:广东经济出版社,2015.

[2] 李宝健. 展望21世纪的生命科学[J]. 生命科学,2000,12(1):37-40.

[3] 孙淑静,胡开辉,何海斌. 农林院校生物工程专业人才培养存在的问题及对策研究[J]. 中国科技信息,2010(23):276-278.

[4] 梁国婷,祝海燕. 生物技术人才培养方面存在的问题及解决方法[J]. 中国科教创新导刊,2013(26):40.

[5] 范彩霞. 大学生专业直接兴趣的研究[J]. 科技信息,2010(27):173.

[6] 关丹丹. 大学生兴趣与专业的适配性及其对学业成功的影响[D]. 北京:北京师范大学,2005.

[7] 师海荣. 生物技术迅速发展与生物类大学生就业难问题探讨[J]. 中国科技信息,2008(20):224-225.

［8］丁亚金.大学生专业兴趣与成因［J］.设计艺术研究,2002,21(6)：74-75.

［9］陶剑飞,梁军.以学科竞赛为抓手,提升大学生创新创业能力［J］.高教论坛,2016(12):40-42.

［10］王潇潇,韩家新.深化学科竞赛对教学活动的促进作用［J］.教育教学论坛,2016(52):127-128.

［11］姚叶,黄俊伟.过去大学的师生关系与现在大学的师生关系［J］.大学教育科学,2010(2):65-69.

走进生命科学——竞赛篇

生命科学竞赛对"森林保护学综合实验"课程改革的促进作用

苏秀,林海萍,周湘,伊力塔,郭恺

（浙江农林大学　浙江杭州　311300）

摘要:生命科学竞赛是培养大学生创新能力的有效途径,能使学生激发创新热情、开阔视野、培养专业技能和综合能力。"森林保护学综合实验"作为森林保护专业的综合实验课程,在培养学生的创新实践能力中有非常重要的作用。将生命科学竞赛与"森林保护学综合实验"课程紧密结合,不断进行教学改革后发现,学生基础知识更加牢固,实践动手能力明显提高,综合运用知识和技术的能力显著增强,科研精神、创新精神、拼搏精神得到了良好的培养,对培养具有创新能力的现代林业科技人才起到了极大的推动作用。

关键词:生命科学竞赛;森林保护专业;实验教学改革

随着高等教育的发展及教育体制改革的逐步深入,实验实践教学越来越受到重视,《国家中长期教育改革和发展规划纲要(2010—2020年)》明确指出:要着力提高学生勇于探索的创新精神和善于解决问题的实践能力。《关于进一步深化本科教学改革全面提高教学质量的若干意见》(教高〔2007〕2号)中也明确指出:要高度重视实践环节,提高学生实践能力;不断推进实验内容和实验模式改革和创新,培养学生的实践动手能力、分析问题和解决问题能力[1]。森林保护学是关于森林病虫害及其有害生物防治理论与技术的学科,以生态学和经济学原理及方法为基础,对我国现代化林业建设和生态文明建设具有重要意义[2]。"森林保护学综合实验"是我校森林保护专业的专业必修课,是该专业人才培养过程中最重要的实践环节之一,其设置目的主要是提高学生分析问题和解决问题的能力,对学生激发学习兴趣、建立专业自信心、熟练专业技能和培养创新能力有非常重要的作用。

　　浙江省大学生生命科学竞赛是 2008 年由浙江省大学生科技竞赛委员会倡导开展的学科竞赛之一。历届比赛的成功举办,为培养大学生创新意识、合作精神和实践能力,扩大大学生的科学视野,提高大学生的综合能力提供了理想的实践平台。同时对促进生命科学学科教学改革、提高人才培养质量起到了强有力的推动作用[1]。我校林学类国家级实验教学示范中心森林保护实验室以大学生创新创业实验室为实训基地,将生命科学竞赛与"森林保护学综合实验"课程紧密结合,不断进行教学改革,对培养具有创新能力的现代林业科技人才起到了极大的推动作用。

1. 生命科学竞赛促进"森林保护学综合实验"教学内容改革

　　森林保护学是一门多元化的课程,涉及气象学、土壤学、真菌学、微生物学、林木病理学、森林昆虫学、林木化学保护、植物检疫等多个学科的知识,对学生的综合应用能力要求较高。因此,"森林保护学综合实验"课程既要求学生掌握森林有害生物(主要包括病、虫、杂草)的快速识别、鉴定与分类方法,又要求学生能根据实际情况,从有害生物检疫、物理防治、化学防治、生物防治等方面出发,提出解决方案。以往的实验内容主要是一些验证性的实验,例如林木病害症状及病症类型观察、经济林病害及病原观察、森林入侵生物观察、食叶害虫识别、农药施用器械及农药剂型的识别和制剂配制、杀虫剂触杀毒力测定——点滴法和浸渍法等。这种验证性的实验开设过多,就极大地限制了学生独立思考问题和解决问题能力,学生主观能动性得不到充分发挥。

　　以生命科学竞赛的形式开展本实验课后,教学方式不再是老师在讲台上讲解,学生按照实验步骤进行操作、最后提交实验报告的模式,而是学生根据自己的兴趣选择项目,在课程的规定学时内与队友合作完成实验研究的模式。实验完全交给学生自己来完成,老师在整个过程中主要起到引导和解惑的作用。这样的教学方式不仅充分锻炼了学生分析问题和解决问题的能力,也切实提高了学生综合运用本专业知识和技能的能力。如"危害竹林的蚜虫种群发生规律及其天敌的控制作用研究"的命题,将教材中生物防治里面的以菌治虫拓展到了生产实践活动中。这样的综合实验项目,要求学生在实验之前大量查阅相关文献资料,设计实验方案,项目实施过程中还会涉及许多学过和未学过的实验操作,这就需要学生自己去分析和思考问题。这极大地增强了学生学习的自主能动性,有利于综合能力和创新能力的培养。另外,"竹荪天然食品防腐剂及抗氧化剂的开发""线虫对土壤重金属污染的生物指示作用研究""赤霉素发酵工艺优化""注干施药对山核桃干腐病的防治作用""利用深度测序技术鉴定几种重要经济林木病毒病的病原"等实验项目,都能够增加实验的探索性,增强学生对本专业的理解,以及提高学生学习的积极性,促进学生的创新能力。

2. 生命科学竞赛促进学生培养模式改变及学生批判性思维形成

以往的"森林保护学综合实验"课程以老师为主导者,老师提前准备好一切实验用品,设计好实验程序,学生无需动脑,按照实验程序按部就班地操作即可,在过程中没有质疑,只有被动接受,对学生的批判性思维的养成不利。改革后,整个实验技术路线均由学生自主独立设计,每一步骤都要求学生写出可行性分析。在此过程中,同学还会发现根据文献资料设计出的实验方案和按理论分析的可行性报告并不能完全满足实验需要,结果往往不尽如人意,有的甚至无法开展下一步。这样的经历使学生们更深刻地认识到了"失败是成功之母"这句话的内涵,在整个实验过程中不断自我否定并不断修正。在此过程中,学生会逐步认识到世界上没有一个"绝对正确"的答案,对于任何事物,都需要批判性的思考。并且,在此过程中,面对困难和问题,学生在批判性地思考后,多会与老师进行平等的讨论,而不仅仅是一味地被动接受。经过近几年的教学实践研究和跟踪发现,经过这种模式培养的森林保护学专业毕业生继续深造或者步入新的工作岗位后,往往能提出有创意的思维和方法,使各种项目或任务的设计与实施更完整、周密,最终个体与团队实现"共赢"。

3. 生命科学竞赛促进"森林保护学综合实验"考核模式改革

以往的"森林保护学综合实验"成绩主要根据各项实验的实验报告来评定,而学生基本操作技能的掌握程度及动手能力都很难体现出来,往往一个实验内容大家都获得一个相同的结果,最后只能按学生实验过程中的认真程度来进行考核评判。改革以来,我们参照生命科学竞赛的考核标准来进行成绩判定。各小组在老师的指导下,利用课余时间设计实验方案,开展实验研究,及时记录实验过程和实验结果,并撰写论文。项目研究完成后,还要进行现场答辩,答辩包括以下环节:参赛队员汇报20分钟(包括文献综述、实验原始记录、实验结果与分析等),老师提问10分钟。具体分值如下:实验设计30分(要求查阅文献充分,实验设计合理,可行性强),实验原始记录20分(要求记录真实可靠,提供相应的图表),论文撰写25分(要求按照《微生物学报》的格式规范书写),现场答辩25分,总分100分。成绩优异的小组将被选拔参加学校组织的初赛。这样的实验课程考核模式综合体现了学生利用理论知识分析问题、解决问题的能力,以及答辩现场的归纳总结与应变的能力,教师可以对学生进行全面的考核。同时,通过这样的前期训练,学生在毕业课题的开展和毕业答辩过程中能够更加得心应手。

将生命科学竞赛模式引入常规的本科生实验教学中,是对传统实验教学的重要补充,是一种新的学习方式。在这个平台中,学生既加强了独立思考问题的能力,又提高了学习兴趣、自信心、创新能力[3]。我校林学类国家级实验教学示范中心一直高度重视生命科学竞赛在培养生态性创业型林业科技人才中的作用,从实验经费、师资、实验场地和仪器设备等方面给予了大力支持,将生命科学竞赛与实验教学很好地结合,增强了实验教学效果,极大地激发了学生们的参赛热情,对提高人才培养质量起到了很好的推动作用。

走进生命科学——竞赛篇

参考文献

［1］申屠旭萍. 基于浙江省生命科学竞赛的生物类专业教学研究［J］. 科技资讯,2010(27):199.

［2］谢寿安,陈辉,成密红,等.基于拔尖创新人才培养的森林保护学实验教学改革探索［J］.高校实验室工作研究,2015(1):1-3.

［3］王金丹,施苏雪,郑晓群.生命科学竞赛活动在大学生创新能力培养中的作用［J］.教育教学论坛,2016(2):82-83.

生命科学竞赛在公安院校创新人才培养中的探索与实践

吴剑丙,范一雷,程向炜

（浙江警察学院　浙江杭州　310053）

摘要: 公安院校的主要教学目标是培养具有创新精神和实践能力的应用型公安人才,生命科学竞赛等学科竞赛为创新人才的培养提供有力支撑。本文以浙江警察学院学生参加第八届浙江省大学生生命科学竞赛为例,探索公安院校在培养学生创新素质、团队合作精神方面的方法与模式。

关键词: 生命科学竞赛;公安院校;创新型;人才培养

1. 前言

培养创新人才是知识经济发展的客观要求,也是高等教育的核心。《国家中长期教育改革和发展规划纲要(2010—2020年)》中明确指出:"要着力提高学生勇于探索的创新精神和善于解决问题的实践能力。"[1]因此,21世纪,高等教育的主要任务是为知识创新、技术创新提供智力支持和人力资源支持。国内外高校围绕这一主题在人才培养模式和体系上进行了诸多理论和实践的改革与探索,其中,学生在导师的引领下参加科研活动和学科竞赛被普遍认为是卓有成效的创新人才培养途径[2]。相较其他普通高校而言,公安院校学生的科研能力不强,在学生创新能力的培养上仍需大力探索[3]。浙江省大学生生命科学竞赛(以下简称生科赛)迄今已成功举办了八届,已有大批浙江省内及省外高校本科生参与,为学生创新实践能力的培养搭建了一个重要平台。浙江警察学院没有生物学相关专业,但积极鼓励师生参赛,并在师资、经费、设备、政策等方面大力投入,探索借助生科赛这一平台锻炼学生创新实践能力、提高学生综合素质的教学培养模式。

本文以第八届浙江省大学生生命科学竞赛为例,阐述了生科赛对于培养公安院校大学生的创新能力、团队合作精神、解决实际问题的能力等起到的作用。

2. 公安院校生命科学相关领域教学现状

公安院校以培养公安高等应用人才、业务骨干为首要教学目标,培养的人才主要输送到公安政法机关。以浙江警察学院为例,大多数专业课程以文科、工科为主,涉及生物学的课程包括法医学、法医DNA、法医微生物学、食品安全、理化检验等。其中,法医学课程主要内容包括法医学的概念、死亡与尸体现象、常见暴力性死亡、猝死、法医活体检验、生物性物证检验等,并结合案例分析进行学习。然而,学生在学习法医学课程之前,并没有系统地掌握临床医学、生物信息学、药学和其他自然科学等基础理论知识,因此学生想扎实掌握、灵活运用法医学知识是有极大难度的。再如,法医微生物学课程是一门涉及生物恐怖主义的新兴学科,课程主要学习如何发现和识别可能造成严重危害的微生物,进行分子生物学分析,区分病原体近源毒株,以及开发追踪病原体的技术工具等。但由于学生没有系统学习微生物学、生物化学和分子生物学等相关课程,对于这一课程的掌握不够扎实。由于专业性质、课程结构等问题,不可能设置更多的生物学基础课,因此,让公安院校本科学生在课余时间掌握生物学的基础知识,并灵活应用,借助生科赛等学科竞赛平台,培养生命科学相关思维及基本素质,将是一个很好的探索和实践。

3. 生命科学竞赛在公安院校创新人才培养中的实践

3.1 组队与培训

万事开头难。学生组队是竞赛前期准备的第一步,也是非常关键的一步。公安院校的学生有自身的特点,服从性特别好,不管是否真心愿意,指令一发出,绝对执行。因此,在组队初期,需要老师们慧眼识珠,挑选出真心喜爱生物学研究的人员。因为能参赛的都是大一的学生,所以我校在参赛学生的挑选上做了几方面的工作:第一,集中选拔。要求高中是理科生,高考成绩英语、生物较好的优先。第二,老师推荐。专业老师在上课,特别是上实验课时,及时发现悟性和动手能力较好的学生,直接推荐。第三,学生自荐。有部分学生对生物学领域特别感兴趣,能带着自己的想法和成果毛遂自荐。

经过初步选拔的学生就进入前期培训阶段。因为所有的学生都没有生物学研究方面的基础,因此我们一方面安排学生研读科研论文,另一方面让学生反复练习最基础的试剂配制、无菌培养等实验操作,同时采用定期考核、校内竞赛等淘汰制度。在这一阶段,通过竞争,有的学生被激发出了学习兴趣,对研究论文里的每个问题寻根刨底,反复练习实验操作,学习劲头空前高涨。当然,有的学生会觉得生物学知识太过深奥、实验操作又过于枯燥,完全不像他们想象的那样,慢慢就自动退出了。

3.2　过程控制

组队完成后,正式报名参赛。报名成功后,要求上传立项报告,包括研究综述和实验设计各一份。之后每天最多上传两次实验记录,实验当天及时上传过程中的原始记录和实验结果,即使是失误或失败的结果也是不影响得分的。这两项总分为70分,说明了生科赛对学生实验操作过程的极大重视,也确保了学生参赛的真实性。同时,为了确保比赛公平公正,竞赛要求所有上传资料中均不能出现参赛队伍信息。这一要求看似简单,但在历时七个多月的比赛中,总有学生因为一时粗心透露了某些信息,直接做零分处理,几个月的心血白费了。这里,公安院校学生的服从性素质就得到很好的表现。

在比赛过程中,我校针对学生生物学基础薄弱、学生首次参赛的弱势,制定了详细的过程控制办法。第一,组成导师团,分工负责,分别讲解自己最熟悉的理论知识、教授自己擅长的实验技能,学生试剂购买、日常管理等工作由专人负责。第二,学生团队由各自的指导老师分别负责,实验中遇到问题如果指导老师解决不了,其他老师马上一起帮忙解决。第三,定期组织所有学生团队开展工作汇报，让学生在做好自己团队实验的同时，也了解其他团队的工作进展，遇到共性问题能一起商量解决，提高学习效率和氛围。第四，定期邀请校内外相关专家作生命科学领域的学术报告，让学生掌握前沿科学，并从中受到启发，运用到团队的研究课题当中。在这样的管理下，学生们学会了学习与合作，解决实际问题的能力慢慢加强，创造力不断提升。

3.3 决赛答辩

在上述的过程管理下，我校4支参赛队伍中的2支顺利进入了决赛，其他2支队伍也分别获得了二等奖和三等奖的好成绩。决赛答辩需要在15分钟内将研究背景、目的、内容和结果清晰地展现给评委，并准确回答评委老师提出的专业性问题。这对于第一次参加此类竞赛、没有生物学功底的公安院校学生来说是一项极大的挑战。准备比赛答辩的时间仅一周，我校学生从内容梳理、PPT制作、专业知识恶补到答辩训练，几乎是日夜无休。由于在实验过程中定期组织工作汇报，导师团队精心指导，现场答辩时，他们挺拔的身姿和洪亮自信的声音为他们加分不少，因此，2个团队均获得了一等奖，且排名靠前。

参加生科赛的过程，让学生学会主动查找文献、阅读文献、学习实验技能、发现问题、解决问题、团结合作。竞赛结束后，大多数学生的收获是其他课程的学习也轻松了很多，在外出安保的时候也懂得灵活变通，能更好地完成安保执勤任务。

4. 结语

学科竞赛是培养创新人才的重要载体，是对传统实验教学的重要补充。在这一过程中，学生既加强了独立思考问题和理论联系实际的能力，又提高了学习兴趣和自信心，培养了创新能力。公安院校大多采用军事化管理，强调学生的纪律性、服从性，不经意间削弱了学生的创造力。因此，学科竞赛对公安院校培养具有创新精神和实践能力的应用型公安人才是一个强有力的支撑。在今后的教学工作中，应将组织学生参加生科赛等学生竞赛常态化,以达到培养学生创新思维、合作精神、进取素质的目的,从而培养一批创新型、应用型公安骨干人才。

参考文献

[1] 国家中长期教育改革和发展规划纲要(2010—2020年)[Z].北京:人民出版社,2010.

[2] 张典兵.国外高校创新人才培养模式的特色与借鉴[J].教育与教学研究,2015,29(8):1-3.

[3] 王玉叶.科研育人:公安院校培养创新型警务人才之路[J].公安学刊(浙江警察学院学报),2013: 6: 98-100.

以锻炼培养学生为目的，
以科研反哺教学为支撑
——浙江省大学生生命科学竞赛参赛思考

闫道良,伊力塔,苏小菱,尹良鸿,周湘,林海萍

（浙江农林大学　浙江杭州　311300）

摘要: 大学生学科竞赛对培养学生创新思维、实践能力、综合素质具有独特且不可替代的作用。为充分发挥生命科学竞赛在大学生创新精神与实践能力培养中的积极作用,浙江农林大学坚持以锻炼和培养学生为主要参赛目的,在浙江省大学生生命科学竞赛结束后对没有获奖而表现较好的团队给予校级奖励,并以科研反哺教学的形式支撑生命科学竞赛持续开展,师生参赛热情逐年高涨。从2011年到2016年,参赛队伍数从11支逐年增加到59支,2016年获得了省级一等奖3项、二等奖1项、三等奖11项的好成绩。所获成果对扩大大学生学科竞赛的受益面、激励师生参赛热情起了一定的促进作用。

关键词: 生命科学竞赛;锻炼培养学生;科研反哺教学

1. 前言

人才创新是当今世界关注的焦点,是一个国家发展的原动力,因此世界各国都在积极探索创新人才培养的有效途径[1]。《国家中长期教育改革和发展规划纲要(2010—2020年)》明确指出:要着力提高学生勇于探索的创新精神和善于解决问题的实践能力[2]。2015年6月,国务院发布《关于大力推进大众创业万众创新若干政策措施的意见》,可见具有创新创业意识、精神与

能力的人才在"众创"时代大有用武之地。但从应试教育跨入大学校门的当代大学生存在着较为普遍的高分低能现象，很多学生养成了被动接受式学习习惯，创新创业意识、精神与能力较弱[3]。大学生学科竞赛作为创新型人才培养的一条有效途径，具有常规理论及实验教学不能达到的创新教育功能，对培养学生创新思维、实践能力、综合素质具有独特且不可替代的作用[4-5]。正如中国科学院院士、数学建模竞赛全国组委会主任李大潜[6]所说的那样："参加竞赛，无论成绩如何，都可以充分调动学生的主观能动性，鼓励他们动手、创新、协作，积极进取，学以致用。因此，应充分发挥学科竞赛在培养创新型人才中的重要作用。"

浙江省大学生生命科学竞赛作为省级一类竞赛于2009年开始举行，到2016年举行了八届。2017年，在省级一类竞赛的基础上，正式启动全国竞赛。该竞赛具有重视平时实验环节、公平、公正、规范等优点，因此受到越来越多师生的认可与欢迎，参加学校与学生数逐年增加，竞赛规模不断扩大。大学生生命科学竞赛能够在省赛举行八年后升级为全国竞赛，说明生命科学竞赛是一个很受欢迎、非常有生命力的学科竞赛。由4～5名大学生组成1个团队，在1～2名导师的指导下，历时8个月左右，开展了选题、查阅文献、研究综述写作、方案设计、调查与实验、原始记录上传、论文撰写、PPT制作、现场答辩等完整的科研训练环节。生命科学竞赛为大学生创造了创新实践平台，激发了学生参与创新实践的热情，提高了学生理论和实际相结合的创新能力，大学生综合素质得到很大提升。特别是创新精神与科研能力得到了比较充分的锻炼，有效弥补了当代大学生普遍存在的创新精神与实践能力的不足[7]。

浙江农林大学非常重视生命科学竞赛工作，师生参赛热情高涨，每年参加队伍较多且逐年增加，成绩也越来越好。究其原因，笔者认为，主要是因为我校坚持以锻炼和培养学生为主要参赛目的，在省赛结束后对没有获奖而表现较好的团队给予校级奖励，并以科研反哺教学的形式支撑生命科学竞赛持续开展。

2. 坚持以锻炼和培养学生为主要参赛目的

2.1 当前学科竞赛参赛目的存在功利性较强的问题

当前有些高校和师生在学科竞赛中存在着以获奖为主要目的的功利思想，挑选一部分成绩优异的学生参加竞赛，把时间、精力都投到这些优秀学生身上，忽视了其他学生的培养，造成了学科竞赛受益面狭窄与学生两极分化现象。一些师生过于重结果轻过程，把主要精力花在如何获奖而不是如何做好竞赛项目，甚至出现造假、购买参赛作品等情况，违背了学科竞赛的初衷。

2.2 以锻炼与培养学生为参赛目的一定能收获好成绩

为避免出现以上现象，我校一直坚持以锻炼和培养学生为主要参赛目的。在2014年之前，我校一直没有获得省级一等奖，在这种情况下，我们摒弃功利思想，积极参赛，努力向做得好的学校和队伍学习，坚持把着眼点放在做好竞赛项目上，因此参赛队伍依然大幅度提升。2017年前，浙江省大学生生命科学竞赛报名不限额，基于鼓励学生踊跃参加的竞赛宗旨与锻炼本科生科研综合能力的竞赛理念，我们积极鼓励学生报名，不在正式报名之前筛选参赛队伍，让只要有意愿参赛的学生都完成整个竞赛过程，到2016年，参赛队伍数达到59支。这就意味着有近300名本科生经历了8个月左右完整的创新项目锻炼。正如一位参赛大学生所说的那样："生命科学竞赛是我们第一次参与一个完整的创新实验过程，在这个过程中，培养了我们的创新能力。生命科学竞赛的实验过程很艰难，需要写综述、实验设计等，但是在完成了长达8个月的科研训练后，我们发现自己的论文写作、实验设计、实验操作水平均有很大的提升，可以说，生命科学竞赛影响了我们的一生。"另一位参赛学生说："古人言：纸上得来终觉浅，绝知此事要躬行。竞赛的意义也在于此，从确定研究对象、设计实验步骤到分析实验结果，每一步都在帮着我们复习与巩固理论知识，也在帮着我们延伸对生命科学的理解。虽不能说努力了一定会取得成绩，但参加了一定会有收获。"可见，跟近300名学生完整参加科研训练的收获相比，是否能获得省级一等奖已显得微不足道。

2017年,虽然浙江省大学生生命科学竞赛做了学校限项与指导老师限项等规定,我们在网络报名的时候,还是按照原来的报名不限项的做法,采取项目数不限、指导老师限项的原则,以免正式报名之前就有学生失去继续锻炼的机会。由于师生们对这个竞赛的高度认同,报名积极性空前高涨,4月30日报名截止时,一共有76支队伍、100多名导师、近400名本科生正式报名。接下来,这些本科生将在导师指导下,按照生命科学竞赛公平公正规范与科学合理的参赛程序,到网络评比前完成所有科研训练环节。

2.3　评奖给更多的参赛学生点燃科研希望

生命科学学科并非我校优势学科,虽然每年参加竞赛的队伍数很多,但是能获得省级奖的比例较低。对于学校、学院和老师来说,我们可以秉承和坚持以锻炼和培养学生为主要参赛目的,但是对于学生来说,如果他们觉得获奖的希望很小,难免也会影响参赛的积极性与信心,所以有时对学生的激励也显得很重要。我们的做法是,在省赛之前通过校赛来筛选参赛队伍,以免没有入围省赛的学生失去锻炼的机会,等省赛结束后,为没有获得省级奖的同学举行一个像省赛决赛那样的校级决赛,每支队伍做汇报,只要是能坚持到底,做得较好的团队都能获得校级奖。有一个团队负责人在参赛感想里这样写道:"学校老师对我们足够关怀,不忍心扑灭我们对于科研的热情,于是举行校内答辩,给予我们相应的奖项,不管那是老师给我们的安慰还是其他什么,它确实给我们内心加了一点点火,那是为科研而燃烧的火。"这个团队连续两年参赛,第一年没有获得省级奖项,正是因为这把火,让他们在第二年继续组队参加竞赛,获得了省级奖。可见,只有给予学生充分的锻炼机会与鼓励,才能使他们参加生命科学竞赛的热情持续高涨。

3. 科研反哺教学支撑生命科学竞赛持续开展

3.1　教师科研成果固化为本科生实验教学内容

近年来我校生命科学竞赛组织单位林业与生物技术学院每年新增科研项目约170项,科研成果硕果累累,很多科研成果已固化为本科生理论课、实验课与实习教学内容。如国家自然科学基金项目"松墨天牛白僵菌毒力菌株筛选及林间主动传染机制的研究"成果已转化为"微生物学"课程理论教学内容;国家自然科学基金项目"模拟酸雨对中亚热带主要树种树叶 pH 值影响研究"成果发明的模拟酸雨淋洗凋落物装置被应用在"植物生理生态学实验"课程中;2016 年度浙江省科技进步奖一等奖"铁皮石斛品种选育与高效栽培"已转化为"生物药物分析实验"教学内容;实用新型专利"一种简易渗漉提取装置(ZL201220144328.7)"被应用在"中药化学实验"中;实用新型专利"一种实验室用吸取废弃液体培养基的装置(ZL201320226545.5)"被应用在"生物制药与生物检测实验"课程中;横向科研项目"林业有害生物普查"已转化为"森林保护综合实习"教学内容。大量科研成果转化而来的理论知识与实验技术,为大学生参加生命科学竞赛奠定了坚实的基础,也为大学生生命科学竞赛的开展提供了具有创新性的技术与实验装置。

3.2　教学科研平台为本科生学科竞赛提供了广阔空间

我校林业与生物技术学院建有国家级教学科研平台 4 个,包括林学类国家级实验教学示范中心 1 个、天目山国家级大学生校外实践教育基地 1 个、省部共建亚热带森林培育国家重点实验室 1 个、生物农药高效制备技术国家地方联合工程实验室 1 个;建有省部级教学科研平台 12 个,包括竹业科学与技术省部共建教育部重点实验室、国家林业局香榧工程技术研究中心、国家林业局铁皮石斛工程研究中心等。学院拥有一批先进的科学仪器设备,总值 1.11 亿元。国家级、省级实验室、工程中心等全部面向本科生开放,每年约有 1200 名本科生进入教学科研平台,从事创新创业训练。50% 的大一新生进实验室,80% 的大二学生参与科研训练,高年级学生成长为教师的得力科研助手。同学们利用教学科研平台参加学科竞赛,优化了知识结构,培养了创新思维,提高了实践技能与团队协作精神。

3.3　科研经费资助本科生科学素养与科研能力培养

我校林业与生物技术学院每年新增科研经费 4000 万元。据统计,科研经费的 10%(约 400 万元/年)用于本科生培养,主要依托学科竞赛资助学生创新创业实践。每年几十支队伍、几百名本科生的生命科学竞赛研究费用主要依靠老师科研经费的支撑。浙江农林大学每年拨款 4 万元用于浙江省大学生生命科学竞赛开支,这些经费在支付报名费、校赛专家评审费、决赛费用后已所剩无几,如果把这些剩余的经费分给几十支队伍,无疑是杯水车薪,很难发挥作用。因此,每支参赛队伍的调查、采样、实验、打印等费用,全部由指导老师的科研经费承担。如果没有科研的支撑,没有科研反哺教学,是不可能有那么多学生有机会参加完整的科研锻炼,完成整个竞赛实践过程的。

4. 我校近年来生命科学竞赛成果显著

浙江农林大学自从浙江省大学生生命科学竞赛开赛以来,以林业与生物技术学院为组织单位,积极组织农业与食品科学学院、环境与资源学院等生命科学学科相关领域的师生参赛,锻炼了一大批本科生的创新精神与科研能力。历年来学校参赛队伍与获奖情况见表1。

表1　浙江农林大学历年浙江省大学生生命科学竞赛参赛与获奖情况

年度	届数	参赛队伍/支	一等奖/项	二等奖/项	三等奖/项
2011	3	11	0	3	2
2012	4	18	0	3	3
2013	5	37	0	0	4
2014	6	36	3	0	2
2015	7	40	0	2	3
2016	8	59	3	1	11

由表1可见,从2011年到2016年,我校参赛队伍数从11支逐年增加到59支,2014年实现了省级一等奖的突破,2016年获得了省级一等奖3项、二等奖1项、三等奖11项的历史最好成绩。这是我们坚持以培养学生为主要参赛目的与科研反哺教学所取得的成果。

5. 存在问题与改进建议

当前不同高校对大学生学科竞赛的重视程度存在天壤之别,许多高校非常重视学科竞赛,但是也有不少高校重科研轻教学与育人、重学科建设轻人才培养的现象仍然没有彻底改变,因此,在部分高校,学科竞赛得不到应有的重视,表现在竞赛经费缺乏、教师在学科竞赛中的付出没有得到应有的认可、学生在竞赛中的收获没有得到应有的奖励等。

为保证生命科学竞赛持续开展并越做越好,高校应从学校层面高度重视,从学校政策上给予指导教师与参赛学生激励。对教师来说,应在教师职称评审、课外工作量等方面,给予指导学生生命科学竞赛中表现突出的教师充分的认可,真正实现教学、科研与育人的等效评价。对学生而言,对参加生命科学竞赛的学生给予创新创业学分,对在竞赛中表现突出的学生在评定奖学金、保研等方面适当倾斜。只有老师和学生的积极性充分发挥出来以后,生命科学竞赛才能永葆青春活力,而且越做越好,在大学生创新精神与实践能力培养上发挥不可替代的积极作用。

参考文献

[1] 王金丹,施苏雪,郑晓群. 生命科学竞赛活动在大学生创新能力培养中的作用[J]. 教育教学论坛,2016(2):82-83.

[2] 《国家中长期教育改革和发展规划纲要(2010—2020年)》向全社会公开征求意见[J]. 人民教育,2010(6):17.

[3] 高文兵. 众创背景下的中国高校创新创业教育[J]. 中国高教研究,2016(1):49-50.

[4] 樊利,丁珠玉,唐曦,等. 构建多学科竞赛平台培养实践创新人才[J]. 西南师范大学学报(自然科学版),2016,41(8):178-182.

[5] 李星. 地方高校课程质量保障体系的构建[J]. 科技导刊. 2014(24):4-5.

[6] 李大潜. 中国大学生数学建模竞赛[M]. 北京:高等教育出版社,2001:42.

[7] 遇华仁. 构建学科竞赛平台,培养实践创新型拔尖人才[J]. 哈尔滨金融学院学报,2013,10(5):1-3.

浅议生命科学竞赛在学生培养中的作用

张慧娟,蒋明

（台州学院　浙江台州　318000）

摘要：生命科学竞赛,是在结合课堂教学的基础上,以竞赛的方法培养学生独立工作的能力,对学生培养有着重要的作用。培养学生的团队意识,是高校落实素质教育的重要举措之一。生命科学竞赛有利于学生树立强烈的团队意识。生命科学竞赛的执行过程有利于培养良好的习惯,包括查阅文献、记录结果、规范操作、总结及思考等。同时,在这个过程中,学生的综合能力得到了提高,如阅读、动手、表达及自我管理约束的能力,甚至有利于自身潜能的激发。生命科学竞赛还有利于培养学生的热情,包括对科研、竞赛、学科和生活的热情,使得学生的生活充实而有意义,表现出良好的精神风貌。相对来说,生命科学竞赛是一个长期的过程。在这个过程中,学生和老师之间逐渐建立了信任,这有利于形成良好的师生关系。此外,生命科学竞赛还在学生培养的其他方面有着重要的作用。

关键词：生命科学竞赛;学生;促进

"致天下之治者在人才,成天下之才者在教化,教化之所本者在学校。"当今社会,需要的是全面发展的高素质人才。这就要求高校培养人才的核心内容和最终目标就是要注重学生的全面发展。而教育部所提倡的学科竞赛的目的就是促进高校实施素质教育,培养创新人才。生命科学竞赛是针对生命科学专业的学生所举办的学科竞赛。它从2008年开始举办,从最初的少数高校发展到如今几乎所有浙江省高校都参与其中。2017年,生命科学竞赛更将从浙江省走向全国,进一步扩大它的影响力。生命科学竞赛对学校、学科、老师及学生都有相当大的促进作用。本文就生命科学竞赛对学生的作用进行初步探讨。

1. 有利于学生树立团队意识

随着生产力的发展,社会已进入到生产关系高度协同合作的时代,团队的重要性日益凸显。项目的实施都必须依靠团队的力量,强调合作是对每一个人的要求。而现在的高校学生多数是缺乏团队意识的。为了让学生将来能快速有效的融入社会、适应团队的生活,就要求我们培养学生的合作能力、训练学生的合作行为及增强学生的团队意识[1]。培养学生的团队意识,是高校落实素质教育的重要举措之一。而参与生命科学竞赛就能帮助学生树立强烈的团队意识。

生命科学竞赛要求参赛队伍是2~5人所组成的团队,每个人都有明确的分工,要想在竞赛中获胜,就需要依靠团队的力量。要增强一个团队的力量,就要求团队里面的每个成员有较高的团队意识。每个成员都是团体的一部分,一个成员就像木桶中的一块木板,其中任何一个人不负责任,都会影响整个团队的表现。要让学生充分意识到自己是团队的一员,在任何时间和地点都要把团队利益放在第一位,各司其职,同时又通力合作,以保障实验的顺利实施。

2. 有利于学生培养良好的习惯

行为形成习惯,习惯决定品质,品质决定命运。一个人要成就学业或事业,拥有美好人生,就必须养成良好的学习、工作和生活的习惯。生命科学竞赛相对于其他学生活动来说,是一个长期的过程。这个过程有利于学生培养良好的习惯,包括查阅文献、记录结果、规范操作、总结及思考等。文献综述的写作、实验的开展以及实验中碰到的各种问题的解决,都需要查阅大量的文献,以期对国内外的发展现状有全面系统的了解及寻找相关的技术方法,促使学生形成查阅文献的习惯。另外,按照竞赛的规则,要每天上传实验的原始记录和结果,促使学生养成记录的习惯。若实验出现失败,要分析原因,这有利于培养学生思考和解决问题的能力。在生命科学竞赛的过程中,老师跟学生的相处模式更加接近于导师与研究生的模式。对学生实验操作的指导更接近小班化的教育,对学生的不规范操作,能够及时指出并正确示范,有利于学生良好操作习惯的养成。

3. 有利于培养学生的热情

生命科学竞赛有助于进一步培养学生的热情,包括对科研的热情、竞赛的热情、学科的热情及生活的热情。

3.1 对科研的热情

报名参加生命科学竞赛的学生,对科研都存在好奇或兴趣。在参加生命科学竞赛的过程中,他们逐渐了解科研的严谨性是容不得半点虚假的,要时刻抱着严谨、科学的态度。同时,科研又充满了趣味性和挑战性,任何一个问题的解答,都将给予学生巨大的信心和勇气,增加他们对科研的兴趣。生命科学竞赛的主题,允许学生自主选择。因此,学生都会积极主动地参与,保持较高的热情。参加生命科学竞赛,必然要经过文献查阅、竞赛方案设计和实验结果分析归纳等过程,在这个过程中,学生会得到多角度、多层次的锻炼,为以后科研能力的培养及独立科研工作打下坚实的基础,增加自身的竞赛力[2]。同时,生命科学竞赛有利于营造良好的科研氛围,吸引更多的学生投身到科研中来。

3.2 对竞赛的热情

现在很多高校都十分注重学生的生命科学竞赛。为了鼓励学生参加竞赛,很多学校对于参加生命科学竞赛并且获得名次的学生,采取一定的奖励措施,例如奖金和加分等。有些学校甚至建立了生命科学竞赛的长效激励机制[3]。而有些学校,将竞赛与创新学分挂钩,鼓励学生参与并获奖来完成创新学分,这样有利于完成毕业资审[4]。在这样的大氛围下,学生更容易对竞赛保持长期热情,充满进取心和上进心,展示出良好的精神风貌。

3.3　对学科的热情

很多学生在刚踏入大学校门的时候,对生物科学专业基本一无所知。部分学生对本专业的理解有所偏颇。甚至在部分学校,出现了大量学生转专业的现象。而生命科学竞赛的开展,能使学生了解生科专业,明白生科专业的内涵和包含的领域,加深对专业的了解和热爱。而这些同学又会影响身边的同学、家人和朋友,营造良好的氛围,吸引更多学生报考生科专业。

3.4　对生活的热情

学科竞赛时,老师往往鼓励学生自主选题。让他们自己用心观察生活、体会生活和感受生活。生命科学竞赛从生活中寻找选题,并解决生活中的疑惑,锻炼了学生解决疑惑的能力。鼓励学生有一双善于观察的眼和用心体会生活的心,在生活中留意碰到的各种现象。培养学生对生活的观察能力,会增加生活的乐趣,从而使学生对生活更加充满期待和热爱。

4. 有利于提高学生的综合能力

生命科学竞赛按照一定的程序进行,而各个环节都能锻炼、提高学生的能力。选题必须要有一定的创新性,科研并不是对人家实验的简单重复。自主选题有利于培养和提高学生的创新能力。综述写作有利于提高学生的写作能力及查阅文献的能力,同时也提高学生的英语水平。实验的实施有利于提高学生的操作能力。每个实验的实施,都对操作能力有一定的要求。所谓熟能生巧,就是在不断的练习中,将自己的动手能力不断提高。同时,实验不可能是一帆风顺的,需要反复操作,这将磨炼学生的意志,提高学生的抗击打能力。实验结果的整理分析有利于提高学生的概括能力和发现问题的能力。实验中碰到的各种问题,需要学生自主分析原因并加以解决。实验结果汇报能展现学生的口头表达能力。

学生从高中进入大学后,因管理模式由父母老师共同管理转变为自我管理,一些自理能力相对较差的学生变得无所适从,甚至迷恋上游戏而无法自拔。而生命科学竞赛的实施,使学生充分利用了空余时间,让生活变得充实而有意义。再加上团队成员间的相互督促,有助于提高学生自我管理和自我约束的能力。同时,在生命科学竞赛实验实施过程中,要求团队成员间进行交流和互动,这提高了学生的社交能力。

5. 有利于建立良好的师生关系

高校的师生相处模式有别于中小学,高校老师与学生接触的时间大幅度减少。很多高校老师都是扎根于实验室,因此,如果不进实验室,老师与学生的交流就可能仅限在课堂的授课时间,师生之间缺少沟通渠道。通常情况下,很多学生并不会主动去找老师。即使老师主动找学生谈话,由于缺乏相互间的信任和了解,学生很难敞开心扉,无法进行有效沟通。这对于良好师生关系的建立是极其不利的。生命科学竞赛在老师和学生之间起到重要的桥梁作用。在参与生命科学竞赛的过程中,学生和老师之间进行了长期的直接接触,建立起相互信任和相互依赖的关系。在这种氛围下,学生很容易向老师敞开心扉,双方能进行有效的沟通,有利于良好师生关系的建立。

6. 其他

除去上述几点,参加生命科学竞赛还有很多其他方面的作用。首先,生命科学竞赛是联系学生与就业、创业的桥梁,促使学生更加明朗自己的就业方向。部分学生在竞赛过程中会去生科领域相关公司参观、学习乃至实习,为自己以后的就业创造了条件。少数学生甚至从研究的领域中找到商机,开启自己的创业之路。其次,学生在生命科学竞赛的自主探索过程中能充分发挥主观能动性,激发自身的潜能。最后,生命科学竞赛还能促使学生合理安排时间及丰富自身的知识等。

生命科学竞赛成绩是衡量生科专业教育教学质量的重要指标之一。生命科学竞赛对于提高学生的综合素质有着重要的作用。它有利于学生的全面发展,提高学生的团队意识和培养学生热情等。我们希望生命科学竞赛能得到各个高校、老师和学生的重视,并积极参与其中,让它切实发挥它的作用。

参考文献

［1］张国才. 团队建设与领导［M］. 厦门：厦门大学出版社,2008.

［2］朱路芳. 发挥科研在培养创新人才中的作用［J］. 国家高级教育行政学院学报,2000(2):31-34.

［3］李娟,刘洁. 高校学科竞赛管理和运作模式的探讨［J］. 教育与职业,2012,5:1-5.

［4］马军.试论大学学生参加学科竞赛对学习的促进作用［J］. 劳动保障世界,2016,6:30.

服务学科竞赛的实验室管理机制创新实践

周化斌,李军,金海燕

（温州大学　浙江温州　325035）

摘要: 以学生为主体开展学科竞赛实验活动是实验教学的重要补充,是培养学生实践创新能力的重要途径之一。本文结合八届浙江省大学生生命科学竞赛的工作实践,提出以学科竞赛为目标,扎实推进实验教学示范中心的核心作用,强调转变观念、形成学科竞赛是培养学生专业素质的有效载体,培育团队能够发挥聚合效应作用,形成良性循环发展,打造团队精品实验室文化,以点带面促进整体实验室文化建设。

关键词: 学科竞赛；开放实验；管理机制；创新实践

提高人才培养质量,将实践教学作为深化教学改革的关键环节,优化实践教学环节,支持学生参与科学研究,丰富实践育人有效载休,开展创新创业竞赛,深化学生对书本知识的认识,践行知行合一,营造创新创业校园文化,是当前高等教育改革的方向[1]。

浙江省大学生生命科学竞赛已经连续举办了八届,每届设定竞赛主题,要求学生开展自主性设计实验或野外调查工作,每年4月启动,11月结束,学生进行查阅文献、设计实验、撰写综述、实验研究和撰写研究论文,经历了完整的科研设计和探索过程,得到系统的科研训练。竞赛围绕"以赛促教,以赛促学,共同促进人才培养"的理念,培养大学生的社会责任感、环保意识、创新意识、团队精神和实践能力。温州大学生命与环境科学学院参加了每届竞赛活动,从2009年到2016年,参赛队伍从少到多,获奖率从低到高。

通过竞赛,同学有了继续深造的动力,2015—2017年,学院每年毕业生约120余人,2015年、2016年和2017年分别有21位、27位和34位同学被正式录取为硕士研究生。同时,近年参加过竞赛的同学中,2人获全国师范技能大赛一等奖,2人获浙江省师范技能竞赛一、三等奖,3人获浙江省大学生挑战杯竞赛二、三等奖,4人获全国大学生节能减排竞赛三等奖等荣誉。

实验作为培养学生的一个重要手段,有助于启发学生独立解决问题的能力及创造性思维[2]。实验室管理是高校一项复杂而重要的管理工作,其管理水平的高低直接影响着人才培养的质量,决定人才培养目标完成的好坏[3]。在扎实推进实验教学示范中心管理服务的同时,我们对如何结合实践教学开展学科竞赛提高人才培养质量,在实验室管理方面开展了创新实践。

1. 提高认识,明确学科竞赛是培养学生的重要抓手

长期以来,多数师生认为:学科竞赛仅仅是学生教育管理系统的事情,与专业和学科建设没有关系;学科竞赛实验仅仅是学生自己的事,与学院教师无关;学科竞赛仅仅是学生在课余时间的兴趣使然的小实验或社会实践,对学生的成才成长无益;等等。学院重视学科竞赛活动,充分认识到学科竞赛的重要意义,形成学科竞赛是学生提升专业意识、树立专业意识的有力抓手。

1.1 学科竞赛实验活动是实践教学的重要补充

实践教学是培养学生科学精神、科学素养的重要环节,是培养学生创新意识、综合素质和实践能力的主要途径和有效手段[4]。开放实验项目、各类竞赛、学生课外兴趣活动等是实践教学的重要环节,是传统实验教学的延伸和补充,有利于学生培养参与意识和合作精神,增强处理人际关系、管理和解决问题的能力,促进开拓意识、创新精神及其他能力的养成,从而使学生的个人素质全面发展。

1.2 学科竞赛实验活动是实验室开放的有效载体

实验室开放是直接关系到人才培养质量的大问题[5]。国内外著名高校

的成功办学经验和我们多年的实践体会说明,实验室开放是培养创新型、高素质优秀人才的前提条件。实验室应全天候开放,并应针对实验教学方法、实验技术手段、实验体系进行一系列全方位的改革[6]。吸引学生进入实验室是关键,学科竞赛实验活动是实验室开放的有效载体。

1.3　学科竞赛是教书育人的有效载体

当前高校师生缺少互动,教育手段贫乏。学科竞赛是以项目形式组织实施的,正是教书育人的良好载体。学生可以充分根据自己所学知识和兴趣,自行选题并设计实验方案,充分发挥个性,进一步提高主动性和创新性。教师从一个主宰者、导引者、评论者演变成一个咨询者、服务者和提问者,引导和促进学生去创造、去发现、去合作,真正实现"教为主导,学为主体"的教学理念,达到师生互动、生生互动,解决学科竞赛中的各类问题,加深学生对知识和问题的理解。

1.4　学科竞赛能够加深学生对专业的认识和认同感

只有以兴趣、爱好为支撑,才能使学生真正投入学习中,并在实际行动中持之以恒,真正出成效,形成良性的发展通路[3]。通过学科竞赛以及参与科研活动等,学生激发了对科学的热爱和对知识的追求,开阔了视野,实现了知识的交叉融合,自学能力、思维能力、研究能力、处理问题能力、团队合作能力和领导才能等都得到提高。低年级学生将加深对专业的认同感;高年级学生将以此为起点,追求专业上的提升。

学科竞赛活动大部分是在夜晚、双休日、节假日、暑期等开展,实验室的全天候开放,以及保障仪器设备、化学药品安全等工作大大增加教师和实验技术人员的工作量。学院制订相关的政策,在人、财、物等方面给予支持,对额外的工作量予以认可,在年度考核方面予以倾斜等。

2. 培育团队,发挥聚合效应,形成良性循环发展

2.1　以学生为主体、教师为核心组成竞赛团队

通过总结组织学科竞赛工作的经验,我们认为组成一个包含专业教师、实验技术人员、实验指导教师、研究生助教、高年级本科生助理和参赛学生

等成员的竞赛团队很重要。近年来,我们有意识地培育几个相对稳定的竞赛指导团队,如动物学竞赛团队、发酵工程竞赛团队、植物学竞赛团队、分子生物学竞赛团队等。竞赛团队的主体是学生,核心是教师,团队的聚合效应在日常实验和最后决赛答辩环节中显现。

2.2　竞赛团队要有共同的短期目标与长期目标

团队从组成、稳定到发展是一个长期磨合的过程,以短期目标与长期目标为纽带,才能使团队成员形成共同价值观。以学科竞赛为短期目标,以学生毕业设计、开放课题项目研究以及创新创业活动等为长期目标。在高等教育改革的大形势下,为响应教学改革,教师和实验技术人员的工作主要是将科学研究和教书育人相结合,为学生提供服务,接受学生咨询,解答学生的疑问等。学生来校伊始,学院开展"学业指导师"双向选择活动,师生之间有了熟悉的途径,通过对大学生活、学习、科研和创业等全方位的交流,相互了解,双向选择。然后以学科竞赛为短期目标,通过较长时间的发展,再追求长期目标,共同努力创造辉煌。

2.3　磨合团队,发挥聚合效应,形成良性循环

以竞赛团队为核心,树立以人为本的思想,尊重人、重视人,充分发挥成员的自觉性、积极性、创造性,理解、沟通、共鸣和默契配合甚至是体谅和宽容,形成了团结协作精神和团队的聚合效应[8]。磨合成熟的团队,成员(包括指导师)之间能够定期或不定期地交流,总结前一阶段的实验情况,发现隐患并及时提出,通过交流达成共识,最后解决问题[9];团队成员在学习、训练中不仅要注重知识积累和能力培养,还要关注人文素养和综合素质的提高,在竞赛过程中,培养团队精神、协作意识[10];切实落实团队开放实验室的药品管理、仪器设备使用、环境卫生管理和安全管理。

3. 打造精品实验室文化,以点带面,促进实验室文化建设

3.1　建设竞赛团队精品实验室文化

在培育竞赛团队的同时,把握"创新、协调、绿色、开放、共享"的发展理念[11],打造竞赛团队实验室的小环境,即能将校园文化建设和实验室安全管

理落到实处,也能达到以点到面,以精品小实验室建设模范全院实验室。以学科竞赛为目标,启动竞赛团队实验室文化建设,经竞赛团队较长时期的共同努力而逐步形成的精品实验室文化是竞赛团队实验室所特有的,也会成为大多数成员共同遵守的最高目标、价值标准、基本信念和行为规范的总和[12-13]。

3.2　物质文化是建设精品实验室文化的基础

物质文化建设即硬件建设,包括实验室的设施、设备和物理环境等的建设。为确保实验室教学、科研和学科竞赛等活动的有序进行,首先,实验室环境的整洁有序、实验仪器的合理布置、实验管理的高效有序、设备的更新及维护、大型仪器的利用和共享等是保证实验科学运行的基础。其次,在各类实验过程中,涉及水、电、气、仪器设备的操作,化学药品的安全使用等,都需做好各种安全方案[14]。最后,要坚持安全第一、预防为主的原则,通过多层次、全方位、多样性的实验环保与安全教育形式,使师生增强安全环保意识、提高实验操作水平、优化实验安全知识结构、掌握应急救援技能、养成良好的安全习惯,从而减少实验室安全事故。

3.3　精神文化是建设精品实验室文化的核心

精神文化建设即软件建设,是相对于硬件而言的,是指对外形成竞赛团队的社会影响力和吸引力,对内则促使成员形成共同的信念、和谐的氛围并产生凝聚力和约束力,是体现实验室文化的价值观,是实验室文化的方向和实质[15]。实验室的每一个成员都是实验室大家庭的一员,以学科竞赛为目标,通过每个成员的积极参与、定期举行学术报告会、互相传授实验技术、高年级学生带动低年级学生等形式,在基础知识和基本技能训练等方面起到传、帮、带的作用,形成浓郁的精品实验室文化氛围,增强实验室的凝聚力,增强实验室人员的自豪感和对实验室的亲切感,起到环境育人的作用[16-17]。

经过几年的积淀,精品实验室文化建设形成了凝聚效应,学生早早地要求参加学科竞赛,积极地参与科研实验。精品实验室文化建设也吸引了其他实验室的关注,形成学院内各实验室文化建设你追我赶的良好局面。

实践证明,大学生学科竞赛在人才培养、实验教学改革等方面发挥了重要作用,已经成为增强学生创新意识、锻炼学生创新精神、提高学生创业能力的有效载体。但要进一步将学科竞赛活动纳入育人系统工程,要较早地给予学生在学习、科研和创业方面的引导,提升其专业认同感;要推进学生的科研成果、竞赛成果和创业成果通过审查、认证后替代毕业论文的实践教学改革;要进一步完善学科竞赛活动的后勤保障机制,使广大师生提高积极性。

参考文献

[1] 中华人民共和国教育部.国家中长期教育改革和发展规划纲要(2010—2020年)[Z].

[2] 太空有颗"冯端星"[J].实验室研究与探索,2012,31(8).

[3] 廖庆敏,秦钢年.建立开放实验室提高学生的实践能力和创新能力[J].实验室研究与探索,2010,29(4):162-165.

[4] 于振涛.大学生创新能力培养视角下的实验室建设探析[J].实验技术与管理,2012,29(6):223-226.

[5] 杨俊英.试论高等教育创新与创新人才培养创新[J].教育探索,2007(9):25-26.

[6] 赵学余,肖稳安,姚菊香.教学实验室开放是提高实验教学质量的重要途径[J].实验室研究与探索,2008,27(5):17-19.

[7] 蒋秀英.基于学科竞赛的实践教学模式研究[J].计算机教育,2008,19(16):37-38.

[8] 杨志东,陈小桥.学科竞赛与创新人才培养模式的探索与研究——以电子类学科竞赛为例[J].实验技术与管理,2016,33(2):14-16.

[9] 花向红,邹进贵,许才军,等.实验教学示范中心实验队伍建设的实践与思考[J].实验室研究与探索,2010,29(2):85-87.

[10] 吴叶葵.开放式实验环境下的实验项目管理研究[J].实验室研究与探索,2011,30(11):164-167.

[11] 习近平.谈治国理政[M].北京:外文出版社,2014.

［12］杨安,洪家慧,魏勇刚.论新形势下高校实验室文化的建设[J].实验室研究与探索,2006,25(5):555-557.

［13］黄珊珊,杨振兰.关于实验室文化的思考[J].中国现代教育装备,2009,75(5):117-119.

［14］王国强,吴敏,斯舒平,等.高校实验室安全准入制度的探索与实践[J].实验技术与管理,2011,28(1):180-181,185.

［15］周守喜.论高校实验室文化建设及应注意的几个问题[J].重庆文理学院学报(自然科学版),2006(5):94-96.

［16］夏石头.“以人为本和谐发展”的实验室文化建设[J].实验室研究与探索,2009,28(2):6-7.

［17］王建宏,常俊英,梁存珍,等.以学生为中心的实验室安全和文化建设[J].实验室研究与探索,2016,35(6):288-292.

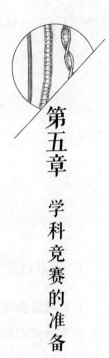

第五章 学科竞赛的准备

第一节
学术课题的确定

1. 学术选题的确定

（1）选题基本方法

科学研究的选题指确定研究方向、明确需要解决的主要问题。选题要从实际出发，选择有价值、能促进科学技术发展或迫切需要解决的有重大效益的课题。选题常用的四种方法为：同步选题法、阶段分析法、交叉选择法、机遇线索法。

（2）选题方向

①亟待解决的重要问题。各学科领域中，都有一些亟待解决的重要问题，有的是关系国计民生的重大问题，有的是学科发展中的关键问题，有的是当前迫切需要解决的问题。选题时一定要避免盲目性。

②处于前沿的课题，与国际接轨。选题要敢于创新，选择在本学科发展中处于前沿并有重大科学价值的课题。

（3）选题的基本路径

①生产实践需要。人类在实践中所提出的问题，始终是认识科学的首要课题。许多极其重大的发明、创造，都是在实践中萌生出来的研究课题。自然科学理论和技术研究问题多属定向性选题，难度和规模大，但多可分成若干小题，再加以具体化。科研人员应从自己的优势出发，形成指向更明确的选题，以保证其可行性。

②文献查阅评估。广泛阅读文献是研究灵感的重要来源。在全面收集、大量阅读有关研究文献的基础上,了解研究的问题在一定时期内已取得的研究成果、存在问题以及新的发展趋势等信息,博采众家之长,结合自己的深入思考,激发研究的灵感,有助于找到好的课题,走出一条新路。可根据研究者自身特长和已掌握学科的发展趋势,进一步查阅近二三十年来本学科国内外的相关文献,也可从著名学者、专家和专职情报研究人员发表的科技综合述评文章中发现具有科学价值的选题,从文献中吸取精华,获得启发,寻找到空白点,设法使自己的选题能够填补国内外学科领域的空白。这种选题具有先进性和生命力,有可能在前人研究的基础上有重大理论突破或对指导实践有重要意义。

③已有成果延伸。前人或他人在科学上提出的开创性理论,通常会吸引大批研究人员对其进行详细的讨论或检验。在所研究的领域内,如果有人提出了重要的理论并做了开创性贡献,或有人提出了某种理论并论述了其适用范围,或原有理论一旦解释不了新的事实而暴露它的局限性,在这种情况下,不失时机地抓住这种理论或假说中感兴趣的问题进行讨论,或对其中的论据进行检验,或敢于进行突破旧理论的新探索,就有可能提出独特见解或新的结论,通常能够取得重大的创新突破。这种选题研究更具体化,目的更明确,使研究工作循序渐进、步步深入,完善已有的理论和假说,有利于学术向纵深拓展,达到更新的层次。

(4) 选题的常见错误

①想法越多越好。

②一味追求革命性、突破性的成果。

③理论越复杂越好。

④追求史无前例。

2. 学术研究的设计

(1) 设计的基本原则

①对照原则。在实验设计中,通常设置对照组,通过干预或控制研究对

象以消除或减少实验误差,鉴别实验中的处理因素同非处理因素的差异。实验设计中可采用的对照方法很多,通常采用的有空白对照法(即不给对照组以任何处理因素)、条件对照法(给对照组以部分实验因素,但不是要研究的处理因素)、自身对照法(实验和对照都在同一研究对象上进行,可以是不同时间或部位)、相互对照法(不单独设对照组,而是几个实验组相互对照)等。设立对照的目的:一是得出科学结论;二是认识研究因素的本质。

②随机原则。随机是指每一个受试对象都有同等的机会被分配至任何一组中,分组结果不受人为因素干扰和影响。实验设计中必须遵循随机原则,这是保证各组受试对象的非处理因素均衡一致的重要手段。这样做的意义在于:一是可以消除或减少系统误差;二是平衡各种条件,避免实验结果中由不确定因素造成偏差。只有经过随机处理的结果,数理统计的显著性才有意义。

③重复原则。重复原则即控制某种因素的变化幅度,在同样条件下重复实验。一方面,观察其对实验结果影响的程度(如只改变温度,在同样条件下重复唾液淀粉酶的催化效率实验,观察温度对实验结果影响的程度)。这样就避免了偶然因素的影响。另一方面,任何新发现、新理论所依存的实验样本必须够大,在一次实验中有充分的重复。一批实验结果如果可靠,必须经得起重复实验的考验。这是具有科学性的标志。

④均衡原则。试验组和对照组必须遵守均衡的分组原则。在实验中,除了被试因素外,试验组的其他因素应尽可能与对照组相同或相近,以消除非被试因素的影响。

(2) 设计的步骤

①观察。用感官注意某个现象。

②解释。用科学的语言解释这个现象。

③预测。根据假说引申可能的现象。

④确认。通过观察和实验证实预测的结果。

⑤评估。根据经验和结果进行评估或下结论。

（3）设计的常见错误

①课题没有阴性、阳性对照。

②缺乏随机性。

③缺乏双盲研究。

④样本过小。

⑤观测指标错误。

⑥分析统计错误。

⑦缺乏假说。

⑧缺乏理论依据。

⑨不使用国际标准和指标进行评估。

3. 课题标书的撰写

（1）立项依据（为什么做？）

立项依据是整个项目的立论基础。总体来说，立项依据需体现课题的研究思路和研究价值。主要包括以下几个方面。

①研究目的及意义。即说明为什么要研究、研究它有什么价值。可以先从现实需要去论述，指出现实当中存在的问题、本研究有什么实际作用，再写项目的理论依据和学术价值。

②国内外研究现状。对国内外研究现状分析要准确而全面，既要介绍国外动态，更要介绍国内研究的情况。列出国内外同行的工作，指出需解决的共性问题。介绍国内情况时应包括申报者本人的前期研究工作，阐明申报者拟开展本项研究工作的理由、理论和学术意义。

③学术思想创新性。创新是灵魂，是整个课题标书的关键。立项依据一定要有明显创新。

④参考文献。认真查找与所确定的研究方向有关的文献资料，经过筛选，找出这些研究中还有哪些遗留问题有待解决，力求在学科的发展前沿和研究的缺陷处找出研究的突破点。精选20篇左右附在立项依据后，格式要规范、统一。

（2）研究内容（要做什么？）

研究内容各部分之间具有紧密的逻辑关系和先后顺序,大多是因果关系、递进关系,少数为并列关系。层次要清楚,适当说明逻辑关系。项目研究一般设置3～5个部分的研究内容,每个大的部分所包含的研究内容同样应具有内在的逻辑关系。

（3）研究方案（要怎么做？）

①方法:研究方法是根据研究的内容需要而决定的,一般是多种,很少情况下是一种。没有最好的方法,只有最适合的方法。研究方法主要包括数据收集、数据处理和结果表达的方法。

②方案:课题确定之后,研究人员在正式开展研究之前制订的整个课题研究的工作计划,初步规定了课题研究各方面的内容和步骤。对于科研经验较少的人来讲,一个好的方案可以保证整个研究工作有条不紊地进行。研究方案对整个研究工作的顺利开展起着关键作用,研究方案水平的高低是一个课题质量与水平的重要反映。

③技术路线:技术路线的设计要科学合理,叙述详细,考虑全面,细节不能忽视。

（4）研究成果（预期的成果）

研究成果并不是越多越好,不能通过多报预期成果来取得项目。合理的研究成果预期应当与实际相结合,设定的研究成果预期应当是自己努力后可以达到的。

（5）注意事项

①课题选题时,应选择有能力、有兴趣、有条件完成的课题。

②特色和创新点是课题的精华所在,如何体现课题的意义、该项目值不值得做皆在于此,要从立意上、方法上或概念上有所创新,要体现自己的特色,而不是写一些套话和空话。

③在课题标书中附上一个实验流程图,简明扼要地标出自己的技术路线,让专家对实验过程一目了然,避免出现太多的文字。

④语言表达简洁清晰,让专家能很快明白你的意思,重点处可通过字体加粗以突出显示。

第二节

学术论文的撰写

1. 什么是学术论文

学术论文是指某一学术课题在实验性、理论性或观测性上新的科学研究成果、创新见解和知识的科学记录，或是某种已知原理应用于实际中取得新进展的科学总结，在学术会议上宣读、交流、讨论或学术刊物上发表，或用作其他用途的书面文件。按写作目的不同，可将学术论文分为交流性论文和考核性论文。

一篇能被接受的原始科学出版物必须是首次披露，并提供足够的资料，使同行能够评定所观察到的资料的价值、重复实验结果、评价整个研究过程的学术水平，并能为多种二级情报源选用。

2. 学术论文的基本要求

(1) 先进性

学术论文的先进性或创新性是指文章要有新意，内容要"新"。文章是否具有新意是衡量论文价值的重要标准之一。

(2) 创造性

学术论文是对科研工作的文字总结，强调创造性，即原创性和创新性。原创性不等同于创新性，创新性可以是别人研究的延续，而原创性意味着一个新事物、新领域、新问题的开创。

科学研究的目的就在于创造,因此衡量学术论文价值的根本标准在于它的创造性。

(3) 规范性

写作必须按一定的格式进行,必须遵守和执行相关的国家标准,主要体现在论文的结构层次,文字表达,细节处理的标准化、规范化。论文失去了规范性或规范性不强,将大大降低其价值和可信度。学术论文要求准确、简明、通顺、条理清楚。

(4) 学术性

学术论文不同于教材和读书笔记,是一种学术性的文章。学术论文的学术性是指一篇论文应具备一定的学术价值。运用科学的原理和方法,通过思考分析或实验,做出判断后得出新的见解或结论。这种新见解或结论,可以是推翻旧的理论,也可以是用新的观点将一些分散的材料系统连贯起来,提炼加工后以符合逻辑的论证分析说明出来。

总之,学术性是学术论文的最基本特征。

(5) 科学性

学术论文的基本观点和内容要能够反映事物发展的客观规律。所选的课题必须属于科学的范畴,是客观存在的,而不是虚构的。因此,写作的具体内容应该取材自客观事实,揭露主题本质。科学性主要表现在以下3个方面。

内容科学:研究成果经得起实践检验。

方法科学:研究方法不主观随意。

结构科学:逻辑性强,层次分明。

写学术论文是在前人成就的基础上,运用前人提出的科学理论去探索新的问题。因此,必须准确地理解和掌握前人的理论,具有广博而坚实的知识基础。如果对论文所涉及领域的科学成果一无所知,那就很难写出有价值的论文。

(6) 逻辑性

理论阐述、理论分析、科学总结的逻辑方法正确,无逻辑错误,根据事实材料,遵循逻辑规律、规则来形成概念,从而进行推理和做出判断。不存在违背逻辑规律的"偷换概念""偷换论题""自相矛盾"等问题。

3. 学术论文的组成部分

(1) 标题

标题又称为"题目",是论文的重要组成部分,有的标题还包括副标题或引题。和我们读报时先看标题一样,读者和审稿人读论文时首先查看的也是标题。标题的好坏直接影响人们对该论文的第一印象。最佳标题是用最少的术语准确描述论文的内容,具体要求如下。

①准确得体。要求论文标题能准确表达论文内容,恰当反映所研究的范围和深度。标题要紧扣论文内容,或论文内容与标题要互相匹配,即题要扣文,文也要扣题。这是撰写论文的基本准则。

②简短精练。标题的字数要少,用词需要精选。至于多少字算是合乎要求,并无统一的硬性规定,一般希望一篇论文的标题不要超出20个字。不过,不能由于一味追求字数少而影响对内容的恰当反映,有时宁可多用几个字,也要力求表达明确。

③外延和内涵要恰如其分。外延和内涵属于形式逻辑中的概念。所谓外延,是指一个概念所反映的每一个对象;而所谓内涵,则是指对每一个概念对象特有属性的反映。

④醒目。论文标题虽然居于整篇论文的醒目位置,但标题内容醒目也是十分重要的。标题是否醒目,其产生的效果相差甚远。

(2) 摘要

摘要是对论文内容的概括,是以提供文献内容梗概为目的,简明扼要、正确地记述文献重要内容的短文。摘要可以用于报道论文信息,也可以用于电子文献检索,读者即使不阅读全文,也可以快速了解文章阐述的主要内容。

摘要与论文的主体一样,主要由以下四个部分组成。①存在的问题和研究的主要目的;②实验设计与方法;③获得的基本结论和研究成果,突出论文的新见解;④结论或结果的意义。

摘要的书写要求分以下两个部分。

①写作要求

a. 摘要为论文的高度浓缩,应字字推敲,确保准确、简洁地表述出论文的主要目的、方法和结果。

b. 摘要是一种概述,应简短精练,内容明确、完整。

c. 摘要只是文字描述,不应包含任何形式的说明,应尽量避免使用特殊符号。

d. 使用关键词,方便读者在线上数据库中筛选到对应论文。

②内容要求

a. 确定论文的目的。例如,你为什么要做这个研究? 这个研究为什么重要?

b. 解释可能出现的问题。例如,你的研究范围是什么? 你的研究更好地解决了哪个问题? 你的主要观点是什么?

c. 解释研究方法。详述研究中的方法和其中的变量,罗列证据,最后描述结论。

d. 描述结果和结论。例如,你的研究成果是什么? 从研究中你得到了什么结论? 这个结论有什么意义? 这个结论是特殊性还是普遍性的?

(3) 关键词

关键词特指媒体在制作索引时所用到的词。读者检索时,搜索引擎利用标题、摘要和关键词决定是否向读者展示此篇论文。若作者发表时不标注关键词,则数据库无法收录此文章,读者便无法检索。因此,关键词的恰当程度关系到该论文的检索命中率。

关键词是摘要内容的浓缩,是反映论文主题内容最重要的词。

关键词的遴选,主要是从标题、摘要、结论中精选与研究关系最密切的、可以描述研究目标的词,并确保通过此词可以检索到相似主题的文章。

(4) 引言

引言是一篇论文的开场白,写在正文之前。其作用是向读者揭示论文的主题、目的和总纲,便于读者了解该论文所论述内容的来龙去脉。引言中的初步介绍更便于读者阅读该文,引导读者更好地体会该科学成果。

引言以简短的篇幅介绍论文的写作背景和目的,提出研究的现实情况以及相关领域内前人所做的研究,说明本研究与当前工作的关系、当前的研究热点、存在的问题及作者的工作意义,引出本文的主题。优秀的引言能为全文奠定良好的基调,吸引读者兴趣,正确传达总论点。

引言写作应包含以下几点。

①课题提出的背景。

②前人研究的经过、成果、目前的问题和评价。

③做这项研究的原因,介绍课题性质和重要性,突出需要解决的问题。

④研究中采用的方法、研究的新发现和意义。

引言写作时,应注意以下几点。

①言简意赅,条理清晰地表述研究课题的来龙去脉和研究结果。

②准确、清楚、简洁地指出问题的本质和范围,对研究背景的阐述要简繁适度。

③概括总结该领域过去和现在的状况,并用最相关的文献指引读者对本文产生兴趣。

④采用适当的方法强调作者在本次研究中最重要的发现或贡献。

(5) 实验材料和方法

实验材料和实验方法的描述是十分重要的,它是保证他人可以重复实验结果的关键,应包含以下部分。

①实验材料

a. 实验对象。实验对象一般是人、动物、植物、培养的组织或细胞等。要准确描述它们的基本信息。临床研究要获得患者知情同意;动物实验符合研究单位的动物管理和动物实验章程等。

b. 实验试剂。商业化的实验试剂应标明来源;非商业化的试剂应精确到试剂获得地址。

c. 实验设备。要对使用的仪器型号、生产厂家、实验用途做详细说明,使用时的必要步骤不可省略,尤其是可能对实验结果造成特定影响的操作必须详细说明。

②实验过程

实验过程描述要详略得当,重点突出。实验过程描述遵循的原则是给出足够的细节信息,使同行能进行重复实验。若方法未曾发表,应提供所有必要的细节;而当此方法已经公开报道过,引用相关文献即可。

叙述时,只叙述必要的、关键的步骤,并说明与一般实验不同的方法,从而使研究成果的规律性更加鲜明。

③结果的统计处理

实验结果需要统计处理时,需要提供足够的信息,如实验重复次数、均值、标准差、统计方法、p值等。统计中,需要避免以下错误。

a. 统计方法描述不清,结论不科学,如仅经统计学处理便得出结论。

b. 统计方法应用不正确。例如,t检验用于多组资料对比,成组t检验与配对t检验错用错误的统计学方法,必然导致错误的结论。

(6) 研究结果

研究结果是一篇论文的核心,标志着论文的学术水平或创新程度,是论文的主体部分。

研究结果的总体要求是实事求是、客观真实、准确地用说明性材料描述主要成果或发现。文字描述要合乎逻辑,层次分明,简练可读。

研究结果写作时,有以下一些要求。

①言简意赅。要高度概括和提炼实验或观察结果,不能简单地将实验记录数据和观察到的事实堆积到论文中,尤其要突出有科学意义和具有代表性的数据。

②避免重复。结果部分只描述结果,不做解释(在讨论部分进行解释)。

③客观评价结果。对每个观察结果的评价,一般由简述实验(不含方法)、报告主要结果(包括预期结果和阴性结果)、典型实例、最佳案例这几个部分组成。

④表达重点。研究结果是表达作者思想观点的最重要的部分,为表达

清楚,多数研究结果必须分成若干个层次来写。可分成若干个自然段或是小标题,但层次要明确,从简单到复杂,从最重要到最不重要。

⑤数据表达时,可采用文字与图表相结合的形式,因为图表在展示数据时更直观。

(7) 图和表

文字虽然是论文表述的主要手段,但在结果表达方面,使用图和表更具直观性,且简单明了,避免了冗长的叙述。

①插图

插图的使用应当遵循以下要求。

a. 图应有自明性,即指看图、图解和图例,便可理解图意。

b. 补充而不是重复文字的描述。

c. 简明,省略不必要的细节。

d. 有图序和图题。即使一篇文章仅有一张插图,也应用图序。图题应当简短、准确。

e. 线条图的线条要清晰,粗细均匀,比例适当。

f. 照片图应图像清晰,层次分明,反差适度。

g. 在同一篇文章中,同一性质插图的字体、字号、线条粗细、单位符号等要相同。

插图有以下几种类型。

a. 线形图。用于说明两个变量之间的定量关系和趋势,如用于表示体重与年龄之间的关系。

b. 直方图。当自变量为分类数据时,可以选用直方图来说明自变量的关联。直方图主要用于揭示变化幅度,例如不同用药量对某一指标的影响。

c. 饼图。用来显示各个成分的比例关系的统计图。

②表格

表格的使用应当遵循以下要求。

a. 表格的设计应当科学、明确、简洁、重点突出、表达规范。表格应按其在正文中的顺序标号,序号以阿拉伯数字表示。

b. 表格中的缩略词和符号需与正文中一致。

c. 表格内同栏数字必须对齐。

d. 表格中参数应标明量和单位的符号。

e. 表格内同一栏数据应使用相同的小数位数。

③图解

a. 图解中不应该包含方法细节。

b. 图中未能表达但又必须表达的信息应在图解中说明,如需要解释的度量单位、符号、缩略语等。

c. 要对图片中出现的箭头、符号、数字、字母进行方向、位置的明确说明。

(8) 讨论

讨论是一篇文章的精华之处,也是最难写的部分。讨论之所以难写,是因为讨论部分最能反映作者对某个学术问题理解的深度和广度。讨论部分的主要内容有以下几点。

①概述最重要的结果。例如,研究结果有什么意义?数据是否符合假设?如果不是,为什么?

②对结果提出解释、说明、猜测。

③说明研究的局限性。例如,研究有什么局限?这些限制对研究结果有什么影响?有什么进一步的实验要进行?什么补充实验能使结果更加明确?

④指出结果的理论意义和实际价值。讨论部分的重点在于对研究结果的解释和推断,并说明研究结果支持或反对某个观点,或是提出了新的问题和观点。因此,讨论要尽量直接、明确地做出完整的解释。每个结论都要有证据,并聚焦在结果上。

同时,应避免出现以下问题。

①没有深入讨论问题。写好讨论,首先要选择合适的结果进行深入讨论。一般来说,体现实验独特性的结果是应该重点讨论的问题,而其中与他人实验没有显著差异的结果可一笔带过。

②结果和讨论没有一一对应，甚至出现讨论的内容可以推出与实验相反的结论。

③讨论时没有引用相关文献，未对他人工作进行论述。作者没有意识到比较类似工作的重要性，或是少数作者故意不引用，以凸显自己研究的"新颖"和"价值"。

④引用文献后没有结合自身研究进行讨论。作者虽然引用了类似工作的文献，但是并未将他人的结果与自己的成果放在一起比较讨论，致使读者缺乏对该研究的了解。

⑤简单重复引言的内容。讨论虽然与引言中援引的问题或假说有联系，但是讨论不是引言的简单重复，而是引言中重点部分的深度展开。

⑥讨论中不需要重复结论部分的内容。

⑦夸大研究结果的重要性。我们都希望自己的研究是贡献重大、被引次数多的，但是对重要性的莫须有夸大会使读者反感。

⑧跑题。在讨论中加入离题的内容会使读者分心、困惑，稀释研究中的真实信息。

⑨指责其他研究。即使自身的研究与他人的研究存在一定的矛盾，也要以专业的方式解决，而不是在讨论里攻击他人。

(9) 结论

结论又称为结束语，是整个课题研究的总结。在结论写作中，不能以研究结果代替结论。结果是结论的前提和基础，而结论是结果的归宿和发展。评判文章质量高低的一项重要因素就是结论是否完美。结论的写作应包括结果要点和理论意义两个方面。结论的写作要求主要有以下几点。

①概括准确，措辞严谨，即准确、完整地概括文中创新的内容。

②明确具体，简短精练。结论应提供明确、具体的定性与定量信息，对要点进行具体描述。

③综合分析，客观评估。避免以假设来"证明"假设，并进行循环推论。

④结论要恰如其分，确保是对全文，而不是其中某一点的总结。

（10）**参考文献**

参考文献是指为撰写论文而引用的有关图书和期刊资料。在学术论文的写作中,经常引用或参考其他学者专家的理念或话语。因此,在论文之中,凡是引用其他报告、论文等文献中的观点、数据、材料、成果等,除了教科书上公认的知识,即使是作者以往的工作,只要不是自己现在的工作,都要列出文献的完整出处。

参考文献的目的是便于读者查阅原始资料,供自己研究参考。同时应该注意的是,未详细阅读过的,不能列为参考文献。

收录参考文献时,应注意以下几点。

①引用原始文献,不要二次引用。

②格式与投稿期刊的要求一致。

③不遗漏重要的参考文献。

④引用时,不完全依赖综述。

⑤尽量引用原创者的文献。

4. 论文的撰写

本节以综述为例,对论文的撰写做一简要介绍。以感兴趣的某件事为基础,分析其中的可用研究对象和研究角度,并以学术性的语言对其中某个研究对象进行条件限定,最终选定一个符合学术规范的研究课题。在确定选题后,广泛阅读和理解选题所涉及的研究领域的文献,对该研究领域的研究现状(包括主要学术观点、前人研究成果和研究水平、争论焦点、存在的问题及可能的原因等)、新水平、新动态、新技术、新发现、发展前景等内容进行综合分析、归纳整理和评论,并提出自己的见解和研究思路,从而写成论文。它要求作者既要对所查阅资料的主要观点进行综合整理、陈述,还要根据自己的理解和认识,用心提炼和升华材料信息,对综合整理后的文献进行比较专门的、全面的、深入的、系统的论述和相应的评价,而不仅仅是相关领域学术研究的"堆砌"。

良好的写作过程包括两个阶段:在第一阶段,作者通过写作增进自身的理解；在第二阶段，作者通过写作促进他人理解自己。换言之，首先通过写作阐明想要说什么，然后通过写作阐述如何说。具体步骤如下。

（1）大纲设计

设计大纲时，必须组织信息，清晰地表达具体的观点，将其以合乎逻辑的顺序进行排列，并创设论文撰写的线索与模式。

如蓝图一样，大纲体现了论文的总体设计。同时，大纲也详细指明了论文的具体内容。审阅设计的完整大纲，检查其是否包括必要的细节来支持自己的设计、是否提供清晰的指向与足够的信息，以便在写作时不用花费时间构思与考虑这些问题。

（2）初稿

大纲设计是组织思维的过程，接下来必须将大纲扩展为连贯的句子、完整的段落、完整的文章。初稿的写作是对研究材料理解和掌握程度的第一次考验。在初稿的写作中，将通过具体而有序的叙述，将研究课题的思想与观点转化为文字。

在初稿阶段，要实现三个主要目标：首先，决定写作思路；然后，将有关研究课题的思路和腹稿转化为具体的文字形式；最后，检查你在此主题领域内的知识掌握情况。

初稿写作的策略多种多样，一般为写作、审核与修改。

第一，撰写初稿时，首先根据大纲的意向与目的进行撰写。初稿的写作看上去是一项烦琐的工作。但是可以每次仅解决一项任务，循序渐进地构建初稿，写出你对这个板块或主题所了解的所有事情。这些观点会从抽象的思维形态自动转化为具体的文字形态。一个个想法会喷涌而出，而你应该根据论文的思路整理这些想法，努力让思维具体、有序，并耐心地表达你的观点，使其确切与清晰。不要在某一个观点上花费过多的时间与精力，导致妨碍下一个观点的阐释。

第二，初稿撰写完成后，从内容、编排、结构、语法、连贯性等方面对文章进行审核。此次审核的目的有两个：第一，根据主题大纲，对初稿进行调整；第二，对内容与结构进行修改——这对于一篇连贯一致的论文来说非常重要。初稿审核的步骤如下。

①审核初稿之前，将文章搁置至少两三天时间。这段时间能够使你的大脑抹去你在初稿写作时形成的思维图景，从而使你能以全新的视角和开放的思维去审视文章。你会对你写的文章感到惊讶：摇摆不定的观点，误置的思路、无意义的语句、模糊不清的语言、混乱的逻辑思路。你曾认为写得很好的一篇文章，在重新审视时会变成一篇有待改进的粗糙之作。

②用三倍行距进行初稿审核——加大的行距可以为增补与注释提供空间。将初稿打印出来，许多在计算机屏幕上"隐形"的错误都会在纸上凸显出来；接下来，大声朗读文章，就当你是初次听到这篇文章，记下任何你发现的不协调、冗长累赘或是疏漏的地方。

③在朗读文章的同时审核内容。检查观点的起承转合是否连贯；查找逻辑上和知识上的疏漏之处；检查观点的编排次序是否正确得当；确保每个段落都有开头、中间及结尾部分；引文或例证是否完善。

④完成内容上的审核，就要进行语法、架构与写作格式上的审核。检查语法的正确性、人称的连贯性，核对是否使用了不恰当的词，并检查标点符号，以及用句是否简练。修正发现的所有错误。

⑤将初稿与主题大纲进行对照，完成初步审核。将写好的大纲与修改后的草稿放在一起，逐个对照，使初稿与大纲保持一致。

完成审核之后，重新阅读文章，以便对其有一个整体性的认知。再次检查内容的完整性和逻辑的正确性，检查是否还存在不甚完备的观点和错误的编排顺序，并确保内容之间的承接转换适宜得当。

第三，审核工作完成之后，还需要进行修改工作。根据审核后的修改标记，对文章进行逐字逐句的修改，弥补纰漏与不足之处，修订错误之处。完成一部分的修改后，重新阅读语句和段落，确保语句正确、表达清晰，直至整篇文章修改完毕。大声朗读完全修改后的文章，确保所有问题都已解决。

能够让他人理解的作品是这样诞生的：不断修改文章直到能够准确而充分地与他人就某一主题交流观点。文章是否表达了你所想要表达的内容？内容表达得是否准确无误？是否能得到他人的理解？你是为读者而写作,完成的关键是找别人与你一起修改论文。就文章的形式和内容与他人进行有效的讨论将为再次修改指引方向。根据他人审阅后发现的问题,你可以对文章的清晰性、连贯性和内容整体性做出进一步的优化。

每一次修改都是文章的进一步发展。在这个阶段,每一稿都必须有所进步,使思路更加连贯,主题描述更加精确。我们可以这样询问他人:"我应该如何修改才能使文章的中心思想更加明确?"每一次修改都应该将审核校对后的文章及时反映给选定的读者,直至最终完工。

(3) 第二稿至终稿

经过校对的初稿为外部读者能够理解的作品,而第二稿的目的在于将文本提炼得更加清晰准确,使其达到最佳水平。从第二稿开始的大多数修改都应来自特定读者的反馈。审核文章的读者会提供必要的反馈,有助于你润色文稿。第二稿及以后的文稿的目标在于满足兼任"仲裁人"的审核读者的期望,成功的关键在于审核修改后能满足他们的期望。

第二稿的润色是修改文章,使之达到可以发表的水准。在后期修改时,想象读者的思维方式和感受,立足于读者的角度进行文章修改,从这些角度来修改论文的第二稿。

审核初稿的方法同样也适用于后续各稿的润色工作。根据审核意见再次复查文章,核对内容的准确性,并确保综述引用的是现有知识的最新资料。

参照认可的写作格式手册,对文章的结构与格式进行最后一次检查,并做出必要的修改。

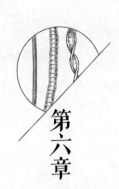

第六章 历届竞赛获奖作品选登

第一节

研究综述

HIV-gp120、BDNF、Wnt信号通路相互关系及其研究进展

摘要:人类免疫缺陷病毒(HIV)是引起全球艾滋病(AIDS)流行的病原体,AIDS是目前对人类健康威胁最严重的疾病之一。而HIV-1膜糖蛋白gp120和gp41在HIV感染过程中发挥着重要作用。事实表明,HIV-1膜糖蛋白gp120能使小胶质细胞活化并加速其凋亡,Wnt信号通路参与了神经发育及功能的调节。本文围绕HIV-gp120对神经胶质细胞中BDNF表达的影响及其机制研究,就HIV-gp120、BDNF及Wnt信号通路相互关系的研究进展进行了综述。

关键词:HIV-gp120;BDNF;Wnt信号通路;机制研究进展

（点评:摘要和关键词的字数控制合理,摘要字数在200字以内,关键词3～5个,中间都用分号隔开,简明地阐述了综述的内容。）

1. gp120

艾滋病自1981年在美国首次被发现以来,在全世界迅速蔓延,对人类健康造成了极大的威胁[1-2]。根据血清反应和病毒核酸序列结果,人类免疫缺陷病毒(human immunodeficiency virus, HIV)分为HIV-1和HIV-2两型[2]。通过电子显微镜观察,HIV直径100～200nm,由两条单链RNA分子组成,中间有一个柱状核心,外面为脂质包膜,RNA链上紧密结合着病毒RNA依赖性DNA聚合酶、反转录酶(RT、P66和P51)和核衣壳蛋白(P9和P6)。HIV进入靶细胞的过程主要由包膜蛋白（envelope protein, Env）介导。Env 为 gp160，由外膜蛋白 gp120（external protein, SU）和跨膜蛋白 gp41（transmembrane protein, TM），通过非共价键连接。HIV-1 膜糖蛋白 gp120 和 gp41 在其感染过程中发挥着重要作用。在自然状态下，gp160 为类似三脚架的三聚体结构。其中，三分子的 gp120 形成了一个球状复合物，gp41 是穿过 Env 脂质双层的跨膜蛋白，三分子跨膜亚基 gp41 像三只脚一般插入病毒包膜内[3]。在 HIV 进入靶细胞的过程中，首先是 gp120 与靶细胞上的 CD4 分子和辅助受体先后结合；随后，跨膜亚基 gp41 的构型发生改变，介导病毒包膜与靶细胞膜的融合，完成病毒进入宿主细胞的感染过程[4]，如图 1 所示。事实证明，HIV-1 糖蛋白 gp120 能使小胶质细胞活化并加速其凋亡[5]。

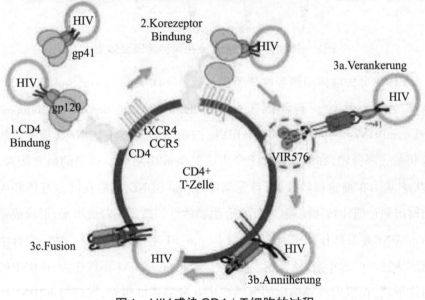

图1　HIV 感染 CD4＋T 细胞的过程

2. BDNF

2.1　BDNF 概述

脑源性神经营养因子（brain-derived neurotophic factor, BDNF）是神经营养因子家族中的一员，该家族的其他成员包括神经生长因子（nerve growth factor, NGF）、神经营养蛋白-3（neurotrophin-3, NT-3）和神经营养蛋白-4/5

(neurotrophin-4/5,NT-4/5)。这些蛋白都是通过与它们的同源性受体结合而发挥生物学效应,所有的神经营养因子都与p75神经营养蛋白受体(p75 neurotrophin receptor,p75NR)结合[6],而每种神经营养蛋白又连接在自己特定的Trk受体络氨酸激酶上[7]:NGF连接TrkA;BDNF和NT-4/5连接TrkB;NT-3连接TrkC(见图2)[7-8]。

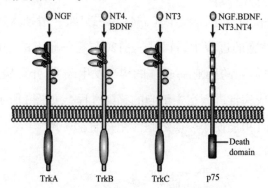

图2　神经营养因子连接在两种跨膜受体上

　　BDNF分为前体型脑源性神经营养蛋白(BDNF precursor,pro-BDNF)和成熟型脑源性神经营养因子(mature form of brain-derived neurotrophic factor,mBDNF)[9],pro-BDNF是mBDNF的前体形式,pro-BDNF在功能依赖区和基底部分泌,在细胞外加工产生成熟型mBDNF[10]。过去的研究认为,BDNF基因在细胞核转录后,首先翻译成pro-BDNF,然后在高尔基体和内质网内通过前体转化酶裂解,把具有生物活性的羧基端释放出来,形成成熟的mBDNF并发挥作用,在整个过程中,pro-BDNF只是一个中间体,没有生物学活性[11]。近年来,越来越多的研究发现,pro-BDNF不仅作为mBDNF的前体形式,也可由神经细胞的突触产生并分泌到细胞外,发挥与mBDNF相同或者不同的生物学作用[12-13]。pro-BDNF N端被硫酸化和糖基化,由于硫酸化和糖基化的种类和数量不同,pro-BDNF的相对分子质量一般为28000~36000[14-15]。在生理状态下,pro-BDNF通常以二聚体的形式分泌,其分泌的肽链含249个氨基酸,氨基酸序列内第57和58位点为酶切位点[11]。分泌过程中,前体蛋白转化酶(如PC1/3、PC5/6 -B、PACE4)、血纤维蛋白溶酶、基质金属蛋白酶(如MMP-3、MMP-7)等都可作用于此酶切位点,将pro-BDNF分裂成两个末端片断,一个是含118个氨基酸的mBDNF(相对分子质量一般为12000~18000),另一个是前体肽[11-13]。pro-BDNF的产生和分泌在神经元内主要由与活动依赖性有关的囊泡调节[16-17]。有研究显示,神经元树突产生和分泌的大部分蛋白是pro-BDNF,而不是mBDNF[16-17]。pro-BDNF和mBDNF与不同的受体结合而发挥生物学效应。mBDNF受体为p75NTR和TrkB,其中,TrkB是mBDNF的高亲和力受体;而pro-BDNF受体分别为p75NTR、TrkB和sortilin[18-19]。

BDNF在中枢神经系统的产生和加工如图3所示[10]。如图3A所示,pro-BDNF需要被一些细胞器加工之后才能变成成熟的mBDNF,pro-BDNF在内质网中被弗林蛋白酶(furin)剪切,然后在分泌小泡内被前体转化酶调节,如果pro-BDNF到达胞外,它能够被纤溶酶(plasmin)加工成成熟的mBDNF,这些成熟的mBDNF能活化细胞膜表面的TrkB受体。另外,细胞外的pro-BDNF结合在p75NTR,然后内吞入细胞核,通过剪切变成成熟的mBDNF,激活TrkB受体,或者就在细胞膜表面循环。如图3B所示,神经元上BDNF基因的转录位点可能决定BDNF的分泌形式。含短的3'UTR的BDNF mRNA主要在神经元胞体上聚集,而含长的3'UTR的BDNF mRNA主要在神经元的树突上聚集。胞体上长生的BDNF在高尔基体的加工下变成成熟的mBDNF,而大多数树突中缺少高尔基体,导致pro-BDNF不能加工,然后就直接以pro-BDNF的形式释放出来,所以pro-BDNF是神经元树突上主要的分泌形式。

2.2　BDNF对神经元的调节

BDNF是德国神经生物学家Batch及其同事于1982年首次从猪脑中纯化并发现的具有防止神经元死亡功能的一种蛋白质[20]。BDNF主要在脑内合成,广泛分布于中枢神经系统(CNS)、感觉及背髓运动神经元内,通过BDNF的mRNA技术分析发现,BDNF在CNS主要分布在海马、枣仁核和皮质[20-21]。在海马中,BDNF水平比神经生长因子(NGF)水平高20~30倍,BDNF主要存在于海马CA1、CA3区的锥体细胞及齿状回和门区,具有自分泌和旁分泌作用方式。以前也有研究证明pro-BDNF能够从培养的神经元

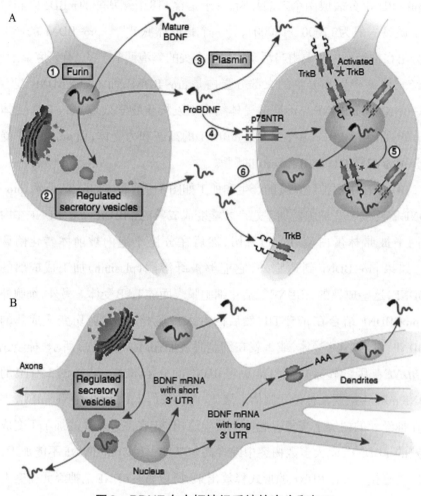

图3　BDNF在中枢神经系统的产生和加工

中分泌[22]。

　　Yang 等[13]研究证明,神经元能够释放 pro-BDNF 和 mBDNF,但 pro-BDNF 的释放量更多一些,它对神经元轴突的延长、树突的生长以及突触的形成有重要的作用。也有很多文献指出,BDNF 在神经元的发育、分化以及神经病学紊乱过程中,通过调节突触活动而起到关键作用[23-26]。对脑源性神经营养因子体外作用的研究已经证明了控制轴突生长、分化的具体信号机制以及对神经元的作用[27]。有文献指出,Wnt 信号通路可能通过神经营养因子信号直接调节神经元轴突的生长[28]。因此,脑源性神经营养因子的前体蛋白pro-BDNF和成熟的神经营养因子mBDNF对神经元和中枢神经系统的调节有着很重要的作用。

2.3　BDNF与突触活动

近年来有报道证明神经营养因子也是突触调节的一个影响因素。BDNF除了增强神经元的存活和分化,也在突触可塑性方面起重要作用。最近Wool等[29]研究发现,pro-BDNF在LTD中发挥重要作用。pro-BDNF激活p75NTR受体,mBDNF激活TrkB受体,能增强海马NMDA NR2B受体依赖的LTD和NR2B介导的突触电流。pro-BDNF和mBDNF都是海马形成LTP和LTD所必需的。Levine等[30]也证明,在海马切片和原代培养的海马神经元中,BDNF通过NMDA受体对突触后膜的LTP产生作用。在海马的CAI突触,确实可以证实BDNF促进长时程增强效应(LTP)[31]。Sano等[32]发现,Ca^{2+}信号通路的活化可以增加BDNF mRNA的表达。

虽然,神经营养因子调节突触的功能和突触可塑性现在已经被广泛接受,但是,其调控的具体机制还不是很清楚。在过去的研究中,研究者对神经营养因子在突触可塑性中所充当的作用的结论主要来自两个观察结果:①神经营养因子的表达是通过神经电位的活动发生的;②神经营养因子能够调节突触传导的效能[33-37]。图4是一个简化了的表示BDNF对突触活动的影响的示意图[38]。突触的活化诱导谷氨酸释放,导致突触后膜NMDA(N- methyl- D- aspartate)和 AMPA(α- amino- 3- hydroxy- 5- methyl- 4-

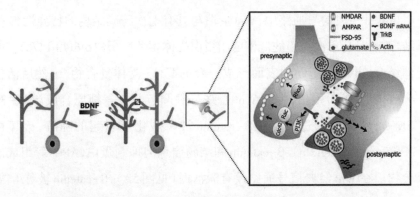

图4　BDNF的合成、释放以及对突触的影响的分子级联

isoxazole propionic acid)受体活化。BDNF mRNA有选择性地转移到脊椎中，在突触后膜的特定位置翻译并释放出来，BDNF结合在突触前膜的TrkB受体上，并活化细胞内的一些信号转导通路。BDNF也能够通过突触后膜上的TrkB受体进行自分泌。

3. Wnt/β-catenin信号通路

3.1 经典的Wnt信号通路概述

Wnt蛋白是一类分泌型糖基化蛋白，在生命发育的各个阶段都有很广泛的表达，主要通过自分泌和旁分泌方式发挥作用[39]。Wnt是一种配体，需要与细胞膜上相对应的受体结合后才能够激活细胞内各级信号的转导分子，通过信号传导发挥生物学效应[40]。在不同的物种中，Wnt配体和Fz受体的种类和数量各不相同。人的基因组中，Wnt配体有19种，相应的Fz受体有11种；而小鼠中，Fz受体有13种[41]。不同的Wnt与与之相应的Fz受体结合产生的作用也不相同。根据是否依赖于β-catenin(可简写为β-cat)，Wnt信号通路可以分为依赖于β-catenin的经典信号通路和不依赖于β-catenin的非经典信号通路。而非经典的Wnt信号通路又包括两个分支：Wnt/PCP通路和Wnt/Ca^{2+}通路[40]。目前的研究表明，Wnt1、Wnt2、Wnt3、Wnt3a、Wnt8a、Wnt8b、Wnt10a和Wnt10b激活经典Wnt信号通路，Wnt4、Wnt5a、Wnt5b、Wnt6、Wnt7a和Wnt7b则激活非经典Wnt通路[42-43]，而Wnt11可同时激活两种Wnt信号通路[44]。

在Wnt经典信号通路中，Wnt蛋白与具有七次跨膜结构的特异性Fz受体结合，同时与单次跨膜的低密度脂蛋白受体相关性蛋白5/6(LRP5/6)辅助受体结合，并在细胞膜的表面形成三聚的配体-受体复合物[45]，然后活化Dishevelled(DVL)蛋白，抑制Wnt通路关键调节酶——糖原合成激酶-3β(GSK-3β)的活性，进而阻止β-catenin被磷酸化所引起的降解，破坏由GSK-3β、轴蛋白(Axin)、β-catenin和结肠瘤息肉抑制蛋白(APC)等组成的复合物。在Wnt经典信号通路没有激活时(见图5A)，β-catenin被苏/酪氨酸激酶CK1和GSK-3β磷酸化，随后快速被泛素化-蛋白酶体降解，所以，

β-catenin浓度维持在比较低的水平[46-48]。当Wnt与Frizzed受体结合时，Wnt经典信号通路被激活（见图5B），DVL通过募集GSK-3结合蛋白（GBP）抑制降解复合体中GSK-3β的活性而阻止β-catenin的降解，β-catenin在胞质累积到一定程度后进入细胞核，与转录因子T细胞因子/淋巴增强因子（TCF/LEF）结合后相互作用，调节Wnt靶基因的表达[43,49]。目前，研究比较多的Wnt靶基因主要有*cyclin D1*、*Axin 2*、*c-myc*等[50-51]。

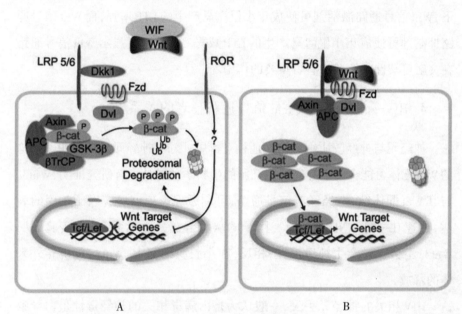

图5　Wnt经典信号通路

3.2　Wnt信号对神经发生、突触可塑性的调节

目前的研究已经证明，Wnt信号对神经元连接的形成有关键的作用。Fradkin等[52]研究发现，过表达果蝇的Wnt基因*Wnt3*能编码一种使轴突神经束连接紊乱的蛋白。也有文献指出，在轴突延长和突触发生时期，一些小鼠的Wnt基因能在神经元有丝分裂后期表达[53-54]。近几年也发现在大脑中能够检测到Wnt蛋白、Fz受体以及其分泌型相关蛋白[51,55]。Wnt信号也能够调节成年海马的神经发生[56]。在成年海马干细胞中也能检测到Wnt信号表达，并促进干细胞增殖以及新神经元的产生[57]。抑制Wnt通路则可以减少海马的神经发生，降低大鼠学习和记忆能力[58]。

已经有越来越多的文献报道Wnt信号通路对突触可塑性的调节。最早提出Wnt可能跟突触的形成有关是因为发现在浦肯野细胞发育成小脑时，在轴突的生长和突触的形成过程中有Wnt3的表达[59]。直接证明Wnt信号与突触可塑性有关的证据是，在体外培养的小脑的颗粒细胞中，突触发生的过程中有Wnt7a的表达[54]。Wnt经典信号通路的特点之一是调节基因的表达，这个调节进程需要晚期的长时程增强作用（L-LTP）[60-61]。在强直刺激下，Wnt信号通路激活剂可使成年小鼠海马产生的LTP增强，而Wnt信号通路抑制剂可使成年小鼠海马产生的LTP减弱[62]。这些都显示Wnt信号通路在突触可塑性的调节中有着重要的作用。

4. HIV-gp120、BDNF、Wnt信号通路三者的关系

神经元与神经胶质细胞密切地相互作用，因此，神经元激活后快速分泌的Wnt配体可能会影响神经胶质细胞的生物学功能[63]。有研究证明，Wnt3a与其Wnt配体结合，经经典信号通路，可刺激促炎免疫反应因子基因的表达，加速IL-1和TNF-α等促炎因子的从头合成[64]。然而，另有实验证明Wnt3a不会诱导产生神经毒性；相反，在小胶质细胞中，Wnt3a可诱导外来体的释放[65]。

HIV相关的神经元丢失，一般认为是由病毒相关的神经毒性蛋白导致的。这些蛋白包括HIV-1病毒本身的部分，如糖蛋白41、120和160，转录反式激活因子（TAT），负因子（NEF），以及病毒蛋白的R（Vpr）[62,66]。HIV-gp120通过激活半胱天冬酶依赖的细胞凋亡途径导致神经元细胞在体外和体内的死亡，尤其是半胱天冬酶-3。脑源性神经营养因子已被证明可以通过抑制caspase-3的活性来阻止gp120介导的神经元凋亡[46,67-68]。最近的证据表明，一些病毒蛋白可以直接通过结合到特定的趋化因子受体，例如CXCR4和CCR5影响神经细胞的生存。gp120感染宿主细胞的机制见图6[47]。

BDNF属于生长因子中的神经营养因子家族，该家族还包括神经生长因子（NGF）、神经营养因子-3（NT-3）和NT4/5。在神经病变疾病的动物模型中已经表明，BDNF可能是对HAD退化神经元最有力的神经保护剂[41-42]。

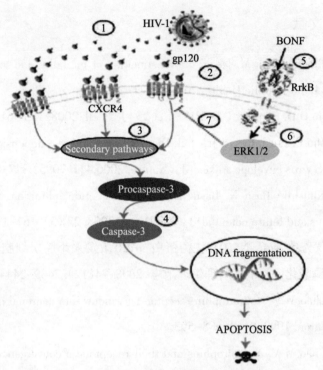

图6　gp120的神经毒性作用和BDNF的保护作用

BDNF对MPTP和6-OH-多巴胺两种神经毒素具有保护作用[43-44]。在体内，脑源性神经营养因子可以防止由HIV-gp120诱导产生的黑质纹状体退化[45]。

由此可见，在神经元中，HIV-gp120改变BDNF前体生成成熟BDNF的进程[47]。BDNF通过阻止gp120内化而抑制HIV-gp120诱导的小脑颗粒细胞的死亡[46]，还可以通过激活TrkB而阻止HIV-gp120诱导的细胞死亡[49]。脑源性神经营养因子还可作为原型的神经保护因子抵抗HIV-1相关的神经元退化[47]。中枢神经系统中神经胶质细胞的数量与神经元的比例为10:1，而在神经胶质细胞中却很少有研究，所以，在神经胶质细胞中进行gp120对BDNF表达影响的研究具有十分重要的意义。

（**点评**：正文部分先分别介绍了HIV-gp120、BDNF、Wnt及它们在神经调节过程中的作用，并用通路图清楚地表示出来，综合得出HIV-gp120、BDNF、Wnt信号通路三者的关系，思路清晰明了。）

参考文献

［1］ Bhattacharya M, Neogi S B. Estimation of mortality due to AIDS—a review ［J］. India J public Health, 2008, 52:21-27.

［2］ Ho D D, Bieniasz P D. HIV-1 at 25 ［J］. Cell, 2008, 133:561-565.

［3］ Zhu P, Liu J, Bess J Jr, et al. Distribution and three-dimensional structure of AIDS virus envelope spikes ［J］. Nature, 2006,441(7095):847-852.

［4］ Kaushik-Basu N, Basu A, Harris D. Peptide inhibition of HIV-1: current status and future potential［J］. Bio Drugs, 2008, 22 (3): 161-175.

［5］ 黄秀艳,曾耀英. HIV-1糖蛋白gp120激发人小胶质细胞钙内流效应和ERK磷酸化［J］. 中国病理生理杂志,2008,24(12): 2439-2444.

［6］ Chao M V. Neurotrophin receptors: a window into neuronal differentiation［J］. Neuron, 1992, 9(4): 583-593.

［7］ Chao M V. Neurotrophins and their receptors: a convergence point for many signalling pathways［J］. Nat Rev Neurosci, 2003,4(4): 299-309.

［8］ Dechant G. Molecular interactions between neurotrophin receptors［J］. Cell Tissue Res, 2001,305(2): 229-238.

［9］ Barker P A. Whither proBDNF? ［J］. Nat Neurosci, 2009,12(2):105-106.

［10］ Chen Z Y, Patel P D, Sant G, et al. Variant brain-derived neurotrophic factor (BDNF) (Met66) alters the intracellular trafficking and activity-dependent secretion of wild-type BDNF in neurosecretory cells and cortical neurons［J］. J Neurosci, 2004, 24(18): 4401-4411.

［11］ Dunham J S, Deakin J F W, Miyajima F, et al. Expression of hippocampal brain-derived neurotrophic factor and its receptors in Stanley consortium brains［J］. J Psychiatr Res, 2009, 43(14): 1175-1184.

［12］ Pang P T, Teng H K, Zaitsev E, et al. Cleavage of proBDNF by tPA/plasmin is essential for long-term hippocampal plasticity［J］. Science, 2004, 306 (5695): 487-491.

［13］ Yang J, Siao C J, Nagappan G, et al. Neuronal release of pro-BDNF[J].
Nat Neurosci, 2009, 12(2):113-115.

［14］ Mandel A L, Ozdener H, Utermohlen V. Identification of pro- and
mature brain-derived neurotrophic factor in human saliva[J]. Arch Oral Biol,
2009, 54(7): 689-695.

［15］ Matsumoto T, Rauskolb S, Polack M, et al. Biosynthesis and process-
ing of endogenous BDNF: CNS neurons store and secrete BDNF, not pro-BDNF[J].
Nat Neurosci, 2008, 11(2): 131-133.

［16］ Lou H, Kim S K, Zaitev E, et al. Sorting and activity-dependent
secretion of BDNF require interaction of a specific motif with the sorting receptor
carboxypeptidase[J]. Neuron, 2005, 45(2): 245-255.

［17］ An J J, Gharami K, Liao G Y, et al. Distinct role of long 3' UTR
BDNF mRNA in spine morphology and synaptic plasticity in hippocampal
neurons[J]. Cell, 2008, 134(1): 175-187.

［18］ He X L, Garcia K C. Structure of nerve growth factor complexed with
the shared neurotrophin receptor p75[J]. Science, 2004, 304(5672): 870-875.

［19］ Chen Z Y, Ieraci A, Teng H, et al. Sortilin controls intracellular
sorting of brain-derived neurotrophic factor to the regulated secretory pathway
[J]. J Neurosci, 2005, 25(26): 6156-6166.

［20］ 林艳丽. 脑源性神经营养因子研究进展[J]. 生物技术通讯, 2003,
3(2003): 241-244.

［21］ Tapia-Arancibia L, Aliaga E, Silhol M, et al. New insights into brain
BDNF function in normal aging and Alzheimer disease[J]. Brain Res Rev, 2008,
59(1): 201-202.

［22］ Heymach J V, Krüttgen A, Suter U, et al. The regulated secretion and
vectorial targeting of neurotrophins in neuroendocrine and epithelial cells[J]. J
Biol Chem, 1996, 271(41): 25430-25437.

［23］ Malpass K. Neurodegenerative disease. Mesenchymal stem cells con-

ditioned to secrete neurotrophic factors provide hope for Huntington disease[J].
Nat Rev Neurol, 2011, 8(3): 120.

[24] Mattson M P, Maudsley S, Martin B. BDNF and 5-HT: a dynamic duo in age- related neuronal plasticity and neurodegenerative disorders [J]. Trends Neurosci, 2004, 27(10): 589–594.

[25] Chen T J, Gehler S, Shaw A E, et al. Cdc42 participates in the regulation of ADF/cofilin and retinal growth cone filopodia by brain derived neurotrophic factor[J]. J Neurobiol, 2006, 66(2): 103–114.

[26] Mattson M P. Glutamate and neurotrophic factors in neuronal plasticity and disease[J]. Ann N Y Acad Sci, 2008, 1144: 97–112.

[27] Reichardt L F. Neurotrophin-regulated signalling pathways[J]. Philos Trans R Soc Lond B Biol Sci, 2006, 361(1473): 1545–1564.

[28] Arevalo J C, Chao M V. Axonal growth: where neurotrophins meet Wnts[J]. Curr Opin Cell Biol, 2005, 17(2): 112–115.

[29] Woo N H, Teng H K, Siao C J, et al. Activation of p75NTR by proBDNF facilitates hippocampal long-term depression[J]. Nat Neurosci, 2005, 8(8): 1069–1077.

[30] Levine E S, Crozier R A, Black I B, et al. Brain-derived neurotrophic factor modulates hippocampal synaptic transmission by increasing N-methyl-D-aspartic acid receptor activity [J]. Proc Natl Acad Sci USA, 1998, 95 (17): 10235–10239.

[31] Korte M, Carrol P, Wolf E, et al. Hippocampal long-term potentiation is impaired in mice lacking brain- derived neurotrophic factor [J]. Proc Natl Acad Sci USA, 1995, 92(19): 8856–8860.

[32] Sano K, Nanba H, Tabuchi A, et al. BDNF gene can be activated by Ca^{2+} signals without involvement of de novo AP-1 synthesis[J]. Biochem Biophys Res Commun, 1996, 229(3): 788–793.

[33] Thoenen H. Neurotrophins and neuronal plasticity [J]. Science,

1995, 270(5236): 593-598.

[34] Canossa M, Griesbeck O, Berninger B, et al. Neurotrophin release by neurotrophins: implications for activity-dependent neuronal plasticity [J]. Proc Natl Acad Sci USA, 1997, 94(24): 13279-13286.

[35] Spedding M, Gressens P. Neurotrophins and cytokines in neuronal plasticity[J]. Novartis Found Symp, 2008, 289: 222-233.

[36] Mocchetti I. Exogenous gangliosides, neuronal plasticity and repair, and the neurotrophins[J]. Cell Mol Life Sci, 2005, 62(19-20): 2283-2294.

[37] Griesbeck O, Canossa M, Campana G, et al. Are there differences between the secretion characteristics of NGF and BDNF? Implications for the modulatory role of neurotrophins in activity-dependent neuronal plasticity [J]. Microsc Res Tech, 1999, 45(4-5): 262-275.

[38] Cohen-Cory S, Kidane A H, Shirkey N J, et al. Brain-derived neurotrophic factor and the development of structural neuronal connectivity[J]. Dev Neurobiol, 2010, 70(5): 271-288.

[39] Acquas E, Bachis A, Nosheny R L, et al. Human immunodeficiency virus type 1 protein gp120 causes neuronal cell death in the rat brain by activating caspases[J]. Neurotox Res, 2004, 5 (8): 605-615.

[40] Sastry P S, Rao K S. Apoptosis and the nervous system [J]. J Neurochem, 2000, 74 (1): 1-20.

[41] Itoh K, Mehraein P, Weis S. Neuronal damage of the substantia nigra in HIV-1 infected brains[J]. Acta Neuropathol, 2000, 99 (4): 376-384.

[42] Wang G J, Chang L, Volkow N D, et al. Decreased brain dopaminergic transporters in HIV-associated dementia patients [J]. Brain, 2004, 127 (11): 2452-2458.

[43] Altar C A, Boylan C B, Jackson C, et al. Brain-derived neurotrophic factor augments rotational behavior and nigrostriatal dopamine turnover *in vivo* [J]. Proc Natl Acad Sci USA, 1992, 89(23): 11347-11351.

［44］ Hyman C, Hofer M, Barde Y A, et al. BDNF is a neurotrophic factor for dopaminergic neurons of the substantia nigra［J］. Nature, 1991, 350(6315): 230-232.

［45］ Nosheny R L, Ahmed F, Yakovlev A, et al. Brain-derived neurotrophic factor prevents the nigrostriatal degeneration induced by human immunodeficiency virus-1 glycoprotein 120 *in vivo*［J］. Eur J Neurosci, 2007, 25(8): 2275-2284.

［46］ Bachis A, Major E O, Mocchetti I. Brain-derived neurotrophic factor inhibits human immunodeficiency virus-1/gp120-mediated cerebellar granule cell death by preventing gp120 internalization［J］. J Neurosci, 2003, 23(13): 5715-5722.

［47］ Nosheny R L, Mocchetti I, Bachis A. Brain-derived neurotrophic factor as a prototype neuroprotective factor against HIV-1-associated neuronal degeneration［J］. Neurotox Res, 2005, 8(1-2): 187-198.

［48］ Bachis A, Avdoshina V, Zecca L, et al. Human immunodeficiency virus type 1 alters brain-derived neurotrophic factor processing in neurons［J］. J Neurosci, 2012, 32(28): 9477-9984.

［49］ Toledo E M, Colombres M, Inestrosa N C. Wnt signaling in neuropro-tection and stem cell differentiation［J］. Prog Neurobiol, 2008, 86(3): 281-296.

［50］ Krieghoff E, Behrens J, Mayr B. Nucleo-cytoplasmic distribution of beta-catenin is regulated by retention［J］. J Cell Sci, 2006, 119(7): 1453-1463.

［51］ Ciani L, Salinas P C. WNTs in the vertebrate nervous system: from patterning to neuronal connectivity［J］. Nat Rev Neurosci, 2005, 6(5): 351-362.

［52］ Fradkin L G, Noordermeer J N, Nusse R. The Drosophila Wnt protein DWnt-3 is a secreted glycoprotein localized on the axon tracts of the embryonic CNS［J］. Dev Biol, 1995, 168(1): 202-213.

［53］ Salinas P C, Fletcher C, Copeland N G, et al. Maintenance of Wnt-3 expression in Purkinje cells of the mouse cerebellum depends on interactions with granule cells［J］. Development, 1994, 120(5): 1277-1286.

［54］ Lucas F R, Salinas P C. WNT-7a induces axonal remodeling and increases synapsin I levels in cerebellar neurons［J］. Dev Biol, 1997, 192（1）: 31-44.

［55］ Davis E K, Zou Y, Ghosh A. Wnts acting through canonical and noncanonical signaling pathways exert opposite effects on hippocampal synapse formation［J］. Neural Dev, 2008, 3: 32.

［56］ Lie D C, Colamarino S A, Song H J, et al. Wnt signalling regulates adult hippocampal neurogenesis［J］. Nature, 2005, 437（7063）: 1370-1375.

［57］ Zhou C J, Zhao C, Pleasure S J. Wnt signaling mutants have decreased dentate granule cell production and radial glial scaffolding abnormalities［J］. J Neurosci, 2004, 24（1）: 121-126.

［58］ Jessberger S, Clark R E, Broadbent N J, et al. Dentate gyrus-specific knockdown of adult neurogenesis impairs spatial and object recognition memory in adult rats［J］. Learn Mem, 2009, 16（2）: 147-154.

［59］ Salinas P C, Nusse R. Regional expression of the Wnt-3 gene in the developing mouse forebrain in relationship to diencephalic neuromeres ［J］. Mech Dev, 1992, 39（3）: 151-160.

［60］ Huang E P. Synaptic plasticity: going through phases with LTP［J］. Curr Biol, 1998, 8（10）: 350-352.

［61］ Pittenger C, Kandel E. A genetic switch for long-term memory［J］. C R Acad Sci Ⅲ, 1998, 321（2-3）: 91-96.

［62］ Chen J, Park C S, Tang S J. Activity-dependent synaptic Wnt release regulates hippocampal long term potentiation［J］. J Biol Chem, 2006, 281（17）: 11910-11916.

［63］ Lau C G, Takeuchi k, Rodenas-Ruano A, et al. Regulation of NMDA receptor Ca^{2+} signalling and synaptic plasticity［J］. Biochem Soc Trans, 2009, 37 （6）: 1369-1374.

［64］ Mori H, Mishina M. Structure and function of the NMDA receptor channel[J]. Neuropharmacology, 1995. 34(10): 1219-1237.

[65] Petrie R X, Reid I C, Stewart C A. The *N*-methyl-D-aspartate receptor, synaptic plasticity, and depressive disorder [J]. A critical review. Pharmacol Ther, 2000, 87(1): 11-25.

[66] Husi H, Ward M A, Choudhary J S, et al. Proteomic analysis of NMDA receptor-adhesion protein signaling complexes[J]. Nat Neurosci, 2000, 3 (7): 661-669.

[67] Franch-Marro X, Marchand O, Piddini E, et al. Glypicans shunt the Wingless signal between local signalling and further transport[J]. Development, 2005, 132(4): 659-666.

[68] Moon R T, Bowerman B, Boutros M, et al. The promise and perils of Wnt signaling through beta-catenin[J]. Science, 2002, 296(5573): 1644-1646.

（**点评**：全文引用大量文献（共68篇），其中，外文文献66篇，51篇为2000年后的文献，较为全面地总结了HIV-gp120、BDNF、Wnt信号通路相互关系。注意：对于综述类论文，不同杂志对参考文献的数量有不同的要求，一般以30条以内为宜，以5年内的最新文献为主。）

第二节

竞赛设计及方案

HIV-gp120对神经胶质细胞中BDNF表达的影响及其机制初步研究

1. 研究目的与意义

人类免疫缺陷病毒(HIV)是引起全球艾滋病(AIDS)流行的病原体，AIDS是目前对人类健康威胁最严重的疾病之一。HIV相关性失智症(HIV-associated dementia, HAD)是HIV-1感染者中枢神经系统(central nervous system,CNS)的重要并发症[1]。轻型认知障碍和无症认知障碍则是HIV感染中枢神经系统后主要并发症。报告统计显示,2013年全球HIV感染者的总数为3500万人,其中210万人是新近感染者,有150万人因患同艾滋病有关的疾病而去世。

HIV-1膜糖蛋白gp120和gp41在HIV感染过程中发挥着重要作用。在病毒进入细胞的过程中,gp120先与CD4分子结合,构象发生改变,进而使gp41的构象发生变化,从而使病毒包膜和细胞膜融合感染细胞[2]。事实证明,HIV-1糖蛋白gp120能使小胶质细胞活化并加速其凋亡[1]。

神经胶质细胞是神经组织中除神经元以外的另一大类细胞,也有突起,但无树突和轴突之分,广泛分布于中枢和周围神经系统。在哺乳类动物中,神经胶质细胞与神经元的细胞数量比例约为10:1。神经胶质细胞主要包括星形胶质细胞(astrocyte, AS)、小胶质细胞(microglia, MG)和少突胶质细胞。AS是CNS中主要的胶质细胞,在神经调制和突触调节过程中具有重要作用。MG是广泛分布于中枢神经系统中的最小的胶质细胞,占胶质细胞总数的20%,在神经系统中扮演免疫监督的角色。当中枢神经系统、外周神经或组织受损后,MG可迅速做出反应。神经胶质细胞对阿尔茨海默病、帕金森病等神经疾病也有重要作用[3]。

脑源性神经营养因子(BDNF)是神经营养因子家族的一员,是一种在脑内合成的小分子二聚体蛋白质。它在中枢神经系统内的发育过程中对神经元的存活与分化、神经形成、轴突生长有重要作用,还有维持成熟神经元的功能。BDNF还具有防止神经元坏死、凋亡的功效[4]。

在神经元中,HIV-gp120改变BDNF前体生成成熟BDNF的进程[5]。BDNF通过阻止gp120内化而抑制HIV-gp120诱导的小脑颗粒细胞的死亡[6],还可以通过激活TrkB而阻止HIV-gp120诱导的细胞死亡[7]。BDNF还可作为原型的神经保护因子抵抗HIV-1相关的神经元退化[8]。在神经胶质细胞中进行gp120对BDNF表达影响的研究具有十分重要的意义。而Wnt信号通路是一个复杂的蛋白质作用网络,参与神经系统的发育及功能调节过程。

为此,本实验拟建立gp120诱导的神经损伤模型,初步研究HIV-gp120对神经胶质细胞中BDNF的转录及表达的影响,并探究gp120是否是通过Wnt经典信号通路而对BDNF的表达产生影响的。

通过本实验研究,可以初步了解gp120对胶质细胞的影响及其机制,为防治艾滋病并发症药物的研发提供实验数据。此课题与国内外生物发展趋势相符,接近前沿研究发展的方向,具有一定的研究意义。

(**点评**:从艾滋病现状出发,点明研究目的与意义;对研究的核心思想做出简练说明,指出研究的焦点与视角,并对主题陈述中的每一个核心概念做出清晰的界定,在课题的思路和框架上表现了自己的特色。)

2. 实验研究的主要内容

(1)研究gp120对神经胶质细胞BV2存活率的影响。

(2)研究gp120对神经胶质细胞BV2中BDNF的表达及转录的影响,以及gp120对神经胶质细胞中Wnt3a/5a及β-catenin表达的影响。

（3）研究gp120对神经胶质细胞BV2激活的影响。

（4）研究 Wnt3a/5a 激活 Wnt 信号通路后对胶质细胞中 BDNF、β-catenin转录及表达的影响。

（5）研究 DKK1 阻断 Wnt 信号通路对胶质细胞中 BDNF、β-catenin转录及表达的影响。

3. 实验方案

3.1 gp120对神经胶质细胞BV2存活率的影响

将 BV2 细胞悬液（5×10^4 个/mL）接种到 96 孔细胞培养板上，每孔 100μL，其中留6孔加10%小牛血清培养液100μL作为空白对照；实验组每孔加入不同浓度（2～1000ng/mL）的 gp120 溶液 100μL，每批供试品均做6孔重复，细胞对照组和空白对照组每孔分别加 DMEM 培养液 100μL，置 37 ℃，5%二氧化碳饱和水汽培养箱中培养使其贴壁，收集不同时间段的细胞样品，用MTT法检测gp120对神经胶质细胞存活率的影响。

3.2 gp120对神经胶质细胞BV2中BDNF、Wnt3a/5a、β-catenin表达及转录的影响

根据上述gp120对神经胶质细胞存活率的影响的实验结果，选择合适浓度的gp120到BV2细胞中，培养1～24h并收集不同时间点的细胞，进行Western blot法检测各组神经胶质细胞中BDNF、Wnt3a/5a、β-catenin蛋白的表达量。同时收集不同时间点的细胞样品，提取RNA，应用RT-PCR分析各组细胞中BDNF、Wnt3a/5a、β-catenin的mRNA的含量。

3.3 gp120对神经胶质细胞BV2激活的影响

选择合适浓度的gp120到BV2细胞中，培养一定的时间（0h、1h、3h、6h、9h、12h）并收集不同时间点的细胞样品，应用CD11b抗体标记细胞，制作细胞爬片，在荧光显微镜下观察各组神经胶质细胞形态变化，分析gp120对神经胶质细胞BV2激活的影响。

3.4 Wnt3a/5a激活Wnt信号对神经胶质细胞中BDNF、β-catenin表达及转录的影响

将BV2细胞铺到六孔板中，加入Wnt3a/5a蛋白，激活Wnt信号。在加入

gp120后,于0h、1h、3h、6h、9h、12h分别收集各组细胞:一半提取RNA,应用RT-PCR法检测BDNF和β-catenin转录水平;一半提取蛋白,应用Western blot法检测BDNF和β-catenin蛋白的表达量。

3.5　DKK1阻断Wnt信号对神经胶质细胞中BDNF、β-catenin表达及转录的影响

向细胞六孔板中加入DKK1阻断Wnt受体LRP5/6,加入gp120,孵育不同的时间后收集各组样品,应用RT-PCR和Western blot检测gp120在Wnt信号通路阻断后对神经胶质细胞中BDNF、β-catenin转录及表达的影响。

（**点评**:文章先确定了需要研究的主要内容,再设计了合理的技术路线,从多角度检测HIV-gp120对神经胶质细胞中BDNF表达的影响,并选择了合适的实验方案来进行实验。）

4. 技术路线

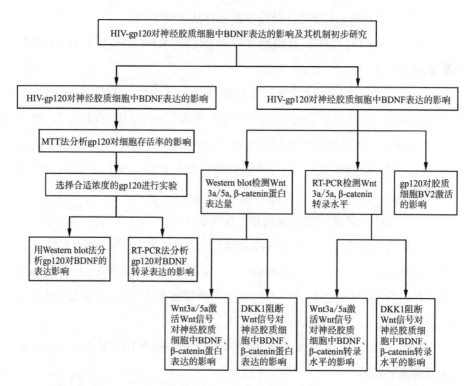

（**点评**:附上一个流程图,简明扼要地标出技术路线,给人一目了然的感觉。）

5. 研究进度

2016年5月—2016年6月　研究gp120对神经胶质细胞BV2存活率的影响

2016年6月—2016年7月　研究gp120对神经胶质细胞BV2中BDNF的表达及转录的影响,以及gp120对神经胶质细胞中Wnt3a/5a及β-catenin表达的影响

2016年7月—2016年8月　研究gp120对神经胶质细胞BV2激活的影响

2016年8月—2016年9月　研究Wnt3a/5a激活Wnt信号通路后对胶质细胞中BDNF、β-catenin转录及表达的影响

2016年9月—2016年10月　研究DKK1阻断Wnt信号对神经胶质细胞中BDNF、β-catenin表达及转录的影响

2016年10月—2016年11月　整理数据,撰写文章

(**点评**:制订了合理的实验进度,以便实验有条不紊地进行。)

6. 预期成果

(1)阐明gp120对神经胶质细胞BV2中BDNF表达的影响。

(2)初步阐明gp120对神经胶质细胞BV2中BDNF表达影响的机制。

(3)撰写研究论文一篇。

(**点评**:预期成果与实际相结合。注意:研究成果不是越多越好,不能通过多报预期成果来取得项目。)

参考文献

[1] 黄秀艳,曾耀英. HIV-1糖蛋白gp120激发人小胶质细胞钙内流效应和ERK磷酸化[J]. 中国病理生理杂志,2008(12): 2439-2444.

[2] Kaushik-Basu N, Basu A, Harris D. Peptide inhibition of HIV-1: current status and future potential[J]. BioDrugs, 2008, 22 (3): 161-175.

走进生命科学——竞赛篇

［3］谈丹丹,洪道俊,徐仁伵,等. 神经胶质细胞和神经退行性疾病［J］. 中国老年学杂志,2013(2): 464–466.

［4］陈大伟,刘燕青,张朝. 脑源性神经营养因子的研究进展［J］. 北方药学,2015(3): 110–112.

［5］ Bachis A, Avdoshina V, Zecca L, et al. Human immunodeficiency virus type 1 alters brain–derived neurotrophic factor processing in neurons［J］. J Neurosci, 2012,32(28): 9477–9484.

［6］ Bachis A, Major E O, Mocchetti I. Brain–derived neurotrophic factor inhibits human immunodeficiency virus–1/gp120–mediated cerebellar granule cell death by preventing gp120 internalization［J］. J Neurosci, 2003, 23 (13): 5715–5722.

［7］ Mocchetti I,Bachis A. Brain–derived neurotrophic factor activation of TrkB protects neurons from HIV–1/gp120–induced cell death［J］. Crit Rev Neurobiol, 2004,16(1–2): 51–57.

［8］ Nosheny R L, Mocchetti I, Bachis A. Brain–derived neurotrophic factor as a prototype neuroprotective factor against HIV–1–associated neuronal degeneration［J］. Neurotox Res, 2005,8(1–2): 187–198.

第三节

研究论文

双分子荧光互补(BiFC)操作平台构建及其在番茄CBL-CIPK蛋白互作研究中的应用

摘要:双分子荧光互补(bimolecular fluorescence complementation,BiFC)是利用绿色荧光蛋白产生的荧光验证蛋白之间的互作、检测其互作强弱以及定位蛋白互作位点的一项新技术。本研究针对已有的BiFC载体构建过程复杂、所用工具酶为稀有酶及连接困难等问题,对BiFC进行改造。结果表明,改造后的BiFC平台操作便利、快捷,假阳性出现概率低,可用于蛋白间互作分析。通过该平台,进一步开展了番茄CBLs与CIPKs间互作研究,各CBLs与CIPKs组合间均能产生互作,但互作强弱程度差异较大。特别值得关注的是,拟南芥AtCBL1与AtCIPK23互作可激活钾离子通道,但LeCBL1和LeCIPK23互作很弱,与预期不符,表明番茄中CBLs与CIPKs的互作并非与拟南芥完全相同,可能调控不同的抗逆反应,为进一步开展番茄CBLs与CIPKs的功能研究提供线索。

(**点评:**使用简明的语句描述了整个研究的过程和最终的结果,分析得到结论。)

关键词:GFP;双分子荧光互补(BiFC);载体改造;CBL-CIPK蛋白互作

(**点评:**点到实验的关键方法,使读者能快速知晓过程。)

1. 前言

绿色荧光蛋白(green fluorescent protein,GFP)来源于海洋生物水母,近年来在生物化学和细胞生物学中成为广泛应用的标记性蛋白质之一。与其他标记物相比,GFP具有检测方便、荧光稳定、对细胞无毒害、可进行活细胞实时定位观察等优点,在监测基因表达、信号转导、蛋白运输、定位及互作等时成为重要的研究手段。

蛋白互作是细胞中的一项基本生理作用,发生在所有亚细胞结构及细胞器的每一个生理过程中。阐明蛋白质的相互作用在何时、何地发生以及蛋白质复合物如何形成,能为确定蛋白质生物学作用提供决定性线索[1]。目前,研究蛋白互作的方法有免疫共沉淀、表面等离子共振、酵母双杂交及荧光共振能量转移技术等[2-3]。这些技术存在过程复杂、操作困难、不能在活体细胞中检测等缺点。

双分子荧光互补(BiFC)是近几年发展起来的一项新技术,利用GFP产生的荧光验证蛋白间的互作,检测其互作强弱,以及定位蛋白互作位点。其基本原理是:将GFP在特定的位点切开,形成不发荧光的N端和C端,分别连接2个有相互作用的靶蛋白;在细胞内共表达或体外混合这2个融合蛋白时,由于靶蛋白的相互作用,荧光蛋白的2个片段在空间上互相靠近互补,重新构建完整的具有活性的荧光蛋白分子[4]。与其他方法相比,BiFC技术简单直观,不需试剂检测,能使用荧光显微镜在最接近活细胞生理状态的条件下直接观察到目标蛋白是否具有相互作用。该方法已成为活细胞内研究蛋白质运动和功能的强有力工具。

CBL-CIPK信号系统在植物的逆境信号转导中起重要作用。研究表明,CBL-CIPK互作的信号系统在细胞内呈现复杂的网络结构,应答钙信号位于不同的区室,表现出解码钙信号的空间特异性。不同的CBL蛋白响应CIPKs蛋白于各个"站点",而CIPKs蛋白动态地结合不同的CBL蛋白,根据相互作用力的差异形成特定的CBL-CIPK复合体,在信号应答中表现出空间和时间的特异性[5-7]。因此,明确CBL与CIPK互作情况是揭示它们功能机制的核心环节。

鉴于上述原因,本实验拟对原有的BiFC操作平台进行改造,解决载体构建过程中克隆过程复杂、所用工具酶为稀有酶、不易连接成功等问题,为后续实验提供便利[8-11];同时,利用改造后的BiFC平台研究番茄CBLs与CIPKs的互作。结果表明:第一,改造后,BiFC平台操作简便,效率高,可作为研究蛋白互作的一项工具;第二,番茄中的CBLs与CIPKs的互作并非如人们推测的那样与拟南芥完全相同,这可能暗示了番茄中CBLs与CIPKs具有特殊功能,为进一步深入研究番茄中CBLs与CIPKs功能提供线索。

(**点评**:简要地总结了这项技术的缺点和此研究对技术的改进之处。)

2. 材料与方法

2.1 相关的生物学试剂与器材

2.1.1 试验试剂

*Taq*酶、dNTPs、pMD18T载体、DL 2000Marker、琼脂糖酵母提取物、胰蛋白胨、Tris、琼脂糖等均购自宝生物工程(大连)有限公司;限制性内切酶购自普洛麦格(北京)生物技术有限公司;割胶回收试剂盒购自北京艾德莱生物科技有限公司;其他常规试剂购自金华医药公司。

2.1.2 试验器材

本实验使用的仪器有PTC0200 PCR仪(Bio-Rad公司)、ZF-90型暗箱式紫外透射仪(上海顾村电光仪器厂)、DYCp-33A型电泳槽(北京六一仪器厂)、NANODROP 2000微量核酸蛋白检测仪(NanoDrop公司)、polystat cc1低温水浴箱(huber公司)、Sc-5A型电热恒温水浴锅(宁波海曙亿恒仪器有限公司)、HZ-9211K恒温摇床(华利达实验设备公司)、Leica激光共聚焦显微镜(TCS-SP5)等。

(**点评**:标注了实验中使用的试剂来源和仪器的具体型号。)

2.2 试验材料

2.2.1 引物

本试验共用11对引物,均由上海赛百盛基因技术有限公司合成。引物序列、扩增的目的基因或片段、扩增长度、所使用的退火温度(T_m)以及所使用的模板见表1。

表 1　引物

目的基因或序列	引物	预期扩增长度/bp	方向	序列(5'-3', 下划线代表酶切位点)	退火温度 T_m/℃	模板
CaMV35S	wcc-216	210	上游引物	TCTAGAGTCCGCAAAAATCACCAGTCT	55	质粒 pSAT4-nEYFP-cl
terminator	wcc-217		下游引物	AAGCTTCGTCACTGGATTTGGTTTTA		
nEYFP盒或cEYFP盒	wcc-218	1482 或 1161	上游引物	TCTAGAGTGGAGCACGACACACTTGTCT	72	质粒 pSAT4-nEYFP-cl 或 pSAT1-cEYFP-cl
	wcc-219		下游引物	TCTAGATCAGGTGGATCCCGGG		
LeCIPK3	wcc-226	1317	上游引物	GTCGACATGAATCGGACCAAAATCAAG	52	AK325456 质粒
	wcc-227		下游引物	GGTACCTTTTTTTCTTCCATGTCTTGTTC		
LeCIPK8	wcc-224	1344	上游引物	GTCGACATGGTGGTAAGGAAAGTTGGTA	52	冷叶 cDNA
	wcc-225		下游引物	GGATCCTCATCTCTTTCTACTCCTTGC		
LeCIPK23	wcc-220	1374	上游引物	GTCGACATGGGTTCAAGATCAAATAATG	55	AK320480 质粒
	wcc-221		下游引物	GGTACCAGTTGAGACAATACCATCTTTT		
LeCIPK24	wcc-228	1314	上游引物	GTCGACATGAATCAGGCAAAAATCAAG	55	正根 cDNA
	wcc-229		下游引物	GGTACCCCTAGCTTGCATGTCCTCTTC		

续表

目的基因或序列	引物	预期扩增长度/bp	方向	序列(5'-3', 下划线代表酶切位点)	退火温度 T_m/℃	模板
LeCBL1	wcc-119	642	上游引物	GTCGACATGGGCTGCTTTAATTCTAA	52	冷叶cDNA
	wcc-120		下游引物	CTGCAGTTATGTAGCAACTTCATCAA		
LeCBL3	wcc-139	675	上游引物	GTCGACATGTTGCAGTGCCTAGAGG	52	冷叶cDNA
	wcc-140		下游引物	CTGCAGTCAGGTATCCTCAACTCTC		
LeCBL4	wcc-97	645	上游引物	GGTCGACATGGGCTGCTTTCCCTCAA	52	冷叶cDNA
	wcc-98		下游引物	CCTGCAGCTAGACTTCCGAATCTTCCA		
LeCBL10	wcc-143	675	上游引物	GTCGACATGTATGCTGTTTCTGGTTG	52	冷叶cDNA
	wcc-144		下游引物	CTGCAGTCACACAAATGGATTTTCT		
LeCIPK23m（缺失）	wcc-220	1299	上游引物	CTCGACATGGGTTCAAGATCAAATAATG	55	AK320480质粒
	wcc-231		下游引物	CTTTTGACCAGCCCCCATTTGAGCAGGCCGTACTTCCCGCCTC		
	wcc-230		上游引物	GAGGCGGGAAGTACGGCCTGCTCAAATGGGGCTGGTCAAAAG		
	wcc-221		下游引物	GCTACCACAGTTGAGAGACAATACCATCTTTT		

2.2.2　克隆模板、质粒载体以及其他试验材料

质粒 pSAT4-nEYFP-c1 和 pSAT1-cEYFP-c1 由美国纽约州立大学石溪分校 Vitaly Citovsky 教授实验室惠赠；质粒 AK325456（LEFL1096DD09）、质粒 AK320480（LEFL1009DB09）由日本 Kazusa DNA 研究所惠赠；pCAMBIA-1301（以下简称 1301）质粒由浙江大学周雪平教授实验室惠赠；冷处理的番茄叶片一链 cDNA（以下简称冷叶 cDNA）、番茄根一链 cDNA（以下简称正根 cDNA）、大肠杆菌 DH5α、根癌农杆菌 GV3101 及本氏烟种子等均由本实验室保存。

（**点评**：对定制引物标注了序列和合成公司，非商业化的质粒标明了来源。）

2.3　实验方法

2.3.1　双分子荧光互补操作平台构建

2.3.1.1　CaMV 35S terminator 片段克隆及 1301-ter（CaMV 35S terminator）载体构建

采用 wcc-216/wcc-217 引物对，以稀释 250 倍的质粒 pSAT4-nEYFP-c1 为模板，PCR 扩增 CaMV 35S terminator（以下简称 ter）片段，连接至 pMD18T 载体，并转化至大肠杆菌 DH5α。PCR 产物割胶回收、连接、转化、重组子的筛选与验证分别参考试剂使用说明书进行。经验证的重组子再送至上海英俊生物有限公司测序验证。

测序验证正确的重组子及 1301 双元表达载体用限制性内切酶 *Xba* I 和 *Hind* III 双酶切，将酶切后获得的 ter 片段与 1301 载体片段连接，并转化至大肠杆菌 DH5α。酶切产物的割胶回收、连接、转化、重组质粒的筛选与验证同上。

2.3.1.2　nEYFP/cEYFP 盒克隆及 1301-cEYFP/nEYFP-ter 载体构建

采用 wcc-218/wcc-219 引物对，分别以稀释 1000 倍的质粒 pSAT4-nEYFP-c1（nEYFP 盒模板）和 pSAT1-cEYFP-c1（cEYFP 盒模板）为模板，扩增 nEYFP 盒（1482bp）与 cEYFP 盒（1161bp）。获得的 PCR 产物连接至 pMD18T 载体，并转化至大肠杆菌 DH5α。PCR 产物割胶回收、连接、转化、重组子的筛选与验证同 2.3.1.1。

测序验证正确的重组子,以及1301-ter双元表达分别用限制性内切酶 *Xba* I 单酶切,获得的nEYFP、cEYFP盒分别与1301-ter载体片段连接,并转化至大肠杆菌DH5α。酶切产物的割胶回收、连接、转化、重组质粒的筛选与验证同2.3.1.1。

(**点评**:对载体构建的过程描述详略得当,可以让同行较好地重复实验。)

2.3.1.3 *LeCIPKs*、*LeCBLs*基因或基因片段克隆

采用wcc-226/wcc-227引物对,以稀释250倍的 AK325456 质粒为模板,PCR扩增 *LeCIPK3* 基因全长;采用wcc-224/wcc-225引物对,以稀释25倍的冷叶cDNA为模板,PCR扩增 *LeCIPK8* 基因全长;采用wcc-220/wcc-221引物对,以稀释1000倍的 AK320480 质粒(LEFL1009DB09)为模板,PCR 扩增 *LeCIPK23* 基因全长;采用wcc-228/wcc-229引物对,以稀释25倍的正根 cDNA 为模板,PCR 扩增 *LeCIPK24* 基因全长。将获得的 PCR 产物连接至pMD18T载体,并转化至大肠杆菌DH5α。PCR产物割胶回收、连接、转化、重组子的筛选与验证同2.3.1.1。

分别采用wcc-119/wcc-120、wcc-139/wcc-140、wcc-97/wcc-98 及 wcc-143/wcc-144引物对,以稀释250倍的冷叶 cDNA 为模板,PCR扩增 *LeCBL1*、*LeCBL3*、*LeCBL4* 和 *LeCBL10* 基因全长。将获得的 PCR 产物连接至 pMD18T 载体,并转化至大肠杆菌DH5α。PCR产物割胶回收、连接、转化、重组子的筛选与验证同2.3.1.1。

已知的 *LeCIPK23* 基因中有用于与CBL互作的25个 *Aa* 的基序(NAF),通过2步法PCR扩增NAF缺失的 *LeCIPK23*(*LeCIPK23m*)基因片段。以稀释1000倍的质粒 AK320480(LEFL1009DB09)为模板,先采用wcc-220/wcc-231 和wcc-221/wcc-230引物对分别扩增缺失片段旁侧序列;割胶回收后混合两种产物,并以此为模板,采用wcc-220/wcc-221引物对PCR扩增,得到 *LeCIPK23m*,连接至 pMD18T 载体,并转化至大肠杆菌DH5α。PCR产物割胶、回收、连接、转化、重组子的筛选与验证同2.3.1.1。

2.3.2 *LeCIPKs*、*LeCBLs* 基因或基因片段构建至双分子荧光互补操作平台

2.3.2.1 *LeCIPKs* 基因或基因片段构建至 1301-cEYFP-ter 载体

将验证正确的 *LeCIPKs* 基因或 *LeCIPK23m* 基因片段、载体 1301-cEYFP-ter 分别采用合适的限制性内切酶(见表2)酶切,割胶回收后按3∶1 的比例(*LeCIPKs* 或 *LeCIPK23m*∶1301-cEYFP-ter 载体)连接,并转化至大肠杆菌 DH5α。酶切产物的割胶回收、连接、转化、重组质粒的筛选与验证同 2.3.1.1。

表2 *LeCIPKs*基因或基因片段与载体 1301-cEYFP-ter对应的限制性内切酶

基因或基因片段	限制性内切酶
LeCIPK3	*Sal* I /*Kpn* I 双酶切
LeCIPK8	*Sal* I /*Bam*H I 双酶切
LeCIPK23	*Sal* I /*Kpn* I 双酶切
LeCIPK24	*Sal* I /*Kpn* I 双酶切
LeCIPK23m	*Sal* I /*Bam*H I 双酶切

采用冻融法将验证正确的 1301-cEYFP-LeCIPKs-ter 重组质粒转化至根癌农杆菌 GV3101。

2.3.2.2 *LeCBLs* 基因构建至 1301-nEYFP-ter 载体

将验证正确的 *LeCBLs* 基因和载体 1301-nEYFP-ter 分别采用合适的限制性内切酶(见表3)酶切,割胶回收后按3∶1 的比例(*LeCBLs* 基因∶1301-nEYFP-ter 载体)连接,并转化至大肠杆菌 DH5α。酶切产物的割胶回收、连接、转化、重组质粒的筛选与验证同 2.3.1.1。

表3 *LeCBLs*基因与载体 1301-nEYFP-ter对应的限制性内切酶

基因	限制性内切酶
LeCBL1	*Sal* I /*Bam*H I 双酶切
LeCBL3	*Sal* I /*Bam*H I 双酶切
LeCBL4	*Hind* III/*Kpn* I 双酶切
LeCBL10	*Xba* I /*Kpn* I 双酶切

采用冻融法将验证正确的1301-nEYFP-LeCBLs-ter重组质粒转化至根癌农杆菌GV3101。

2.3.3 根癌农杆菌介导的瞬时表达及激光共聚焦观察

在光照培养箱培养本氏烟至10叶期。参照王长春[12]的方法将1301-nEYFP-LeCBLs-ter-GV3101菌液与1301-cEYFP-LeCIPKs-ter-GV3101菌液按1:1比例分别混合,采用针筒浸润法浸染本氏烟幼苗,每组处理重复3次,培养3d,剪取叶片,于激光共聚焦显微镜下观察。

(**点评**:引用他人已经详述的实验方法,减少篇幅。)

3. 结果与分析

3.1 双分子荧光互补操作平台构建

3.1.1 1301-ter载体构建

采用PCR法成功克隆到ter片段(见图1),连接至pMD18T载体。测序结果表明,该片段为靶标序列,但在第4位碱基发生缺失,可能是因为引物合成过程中发生错误,漏合1个碱基。由于本实验克隆的是终止子序列,缺失1个碱基可能不会影响目的基因的转录终止,因此仍采用该重组质粒进行后续实验。

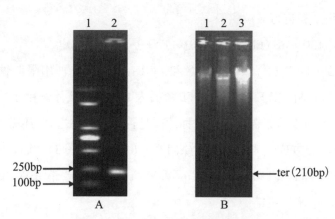

图1 1301-ter重组载体的构建

将克隆得到的ter基因采用限制性内切酶 *Xba* I 和 *Hind* III 双酶切插入1301双元表达载体,成功获得携带CaMV 35S terminator终止子序列的双元表达载体1301-ter(见图1)。

3.1.2　nEYFP/cEYFP盒克隆

在nEYFP盒和cEYFP盒的克隆过程中,我们优化了PCR扩增的条件,包括模板的浓度、退火温度等,稀释模板至1000倍,退火温度提高至72℃,虽然仍有较多的杂带(见图2),但基于实验进程的考虑,直接割胶回收目标条带,连接并转化至大肠杆菌DH5α(见图2)。

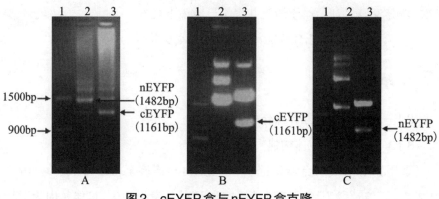

图2　cEYEP盒与nEYFP盒克隆

采用MegAlign软件对cEYFP盒测序结果分析,发现克隆的目标片段与原始序列完全一致,可进行后续实验;而nEYFP盒测序结果表明,nEYFP盒第1404位碱基发生突变,由"T"突变为"C",但并未改变编码氨基酸的种类,仍以该重组质粒进行后续实验。

3.1.3　1301-nEYFP-ter和1301-cEYFP-ter载体构建

将得到的nEYFP盒、cEYFP盒和1301-ter载体分别用限制性内切酶 *Xba* I 单酶切,将nEYFP盒和cEYFP盒插入1301-ter载体。由于采用的是单酶切插入,所以除了需要验证目标片段是否插入载体之外,还需要验证目标片段插入的方向。通过质粒PCR和酶切验证(见图3),筛选到预期的1301-nEYFP-ter和1301-cEYFP-ter重组质粒,成功改造BiFC操作平台(见图4)。

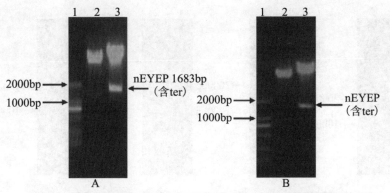

图3　pCAMBIA-1301-cEYFP/nEYFP-ter质粒酶切验证

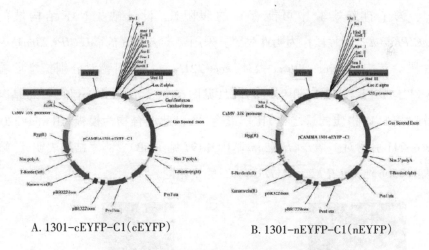

A. 1301-cEYFP-C1（cEYFP）　　　　B. 1301-nEYFP-C1（nEYFP）

图4　1301-cEYFP/nEYFP C1载体图

3.2　*LeCIPKs*、*LeCBLs*基因或基因片段克隆

3.2.1　*LeCIPK3*、*LeCIPK8*、*LeCIPK23*、*LeCIPK24*基因克隆

通过 PCR, 成功扩增 *LeCIPK3*（AK325456）、*LeCIPK8*、*LeCIPK23*（AK320480）、*LeCIPK24*开放阅读框（见图5），连接至 pMD18T 载体,测序。MegAlign软件分析发现:*LeCIPK3*、*LeCIPK23* 和 *LeCIPK24* 克隆的测序结果与原始序列完全一致;*LeCIPK8* 克隆中有部分碱基发生突变,影响个别氨基酸的编码,但用于互作的NAF结构域未发生突变,可用于后续研究。

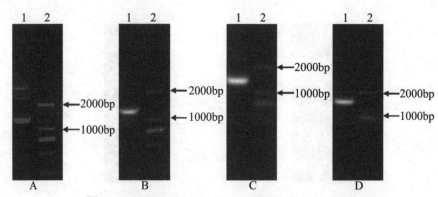

图5　*LeclPK3、LeClPK8、LeClPK23、LeClPK24*

3.2.2　*LeCIPK23m* 基因片段克隆

为了排除实验中可能存在的假阳性,设计缺失 NAF 结构域的 *LeCIPK23m* 基因片段作为阴性对照。采用二步法 PCR 扩增 *LeCIPK23m* 基因片段。首先,用 wcc-22/wcc-231、wcc-221/wcc-230 引物对分别扩增质粒 AK325456,获得 391bp 和 991bp 片段(见图6A);然后将 391bp 和 991bp 基因片段按 1:1(物质的量之比)比例混合,并以此混合物为模板,用 wcc-220/wcc-211 引物对扩增 *LeCIPK23m* 基因片段(见图6B)。测序结果表明,除缺失的 75bp 外,*LeCIPK23m* 与 *LeCIPK23* 完全相同。

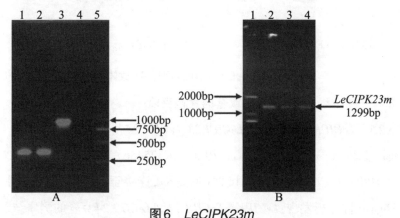

图6　*LeCIPK23m*

3.2.3　*LeCBL1、LeCBL3、LeCBL4、LeCBL10* 基因克隆

通过 PCR,成功扩增 *LeCBL1、LeCBL3、LeCBL4、LeCBL10* 基因全长(见图7),连接至 pMD18T 载体,测序。MegAlign 软件分析发现:*LeCBL1、LeCBL3* 和 *LeCBL10* 与原序列完全一致;*LeCBL4* 克隆中有部分碱基发生突变,影响个别

氨基酸的编码。

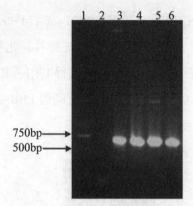

图7　*LeCBL1、LeCBL3、LeCBL4、LeCBL10*

3.3　*LeCIPKs、LeCBLs*基因或基因片段构建至双分子荧光互补载体

3.3.1　1301–cEYFP–LeCIPKs–ter双分子荧光互补载体构建

将验证正确的*LeCIPKs*基因与1301–cEYFP–ter载体分别用合适的限制性内切酶酶切,割胶回收,连接并转化重组质粒至大肠杆菌DH5α。经酶切验证表明,重组质粒连接至1301–cEYFP–ter载体(见图8),获得携带目标基因的 BiFC 载体 1301–cEYFP–LeCIPK3–ter、1301–cEYFP–LeCIPK8–ter、1301–cEYFP–LeCIPK23–ter和1301–cEYFP–LeCIPK24–ter。将验证正确的1301–cEYFP–LeCIPKs–ter重组质粒转化至根癌农杆菌GV3101。

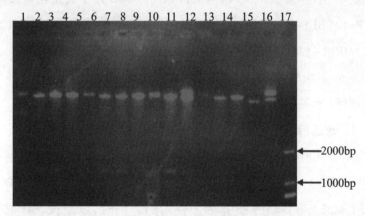

图8　1301–cEYFP–LeCIPK3–ter、1301–cEYFP–LeCIPK8–ter、
1301–cEYFP–LeCIPK23–ter 以及 1301–cEYFP–LeCIPK24–ter 重
组质粒酶切验证

3.3.2　1301-cEYFP-LeCIPK23m-ter双分子荧光互补载体构建

将验证正确的 *LeCIPK23m* 基因与 1301-cEYFP-ter 载体分别经限制性内切酶 *Sal* Ⅰ、*Bam*H Ⅰ双酶切，割胶回收，连接并转化重组质粒至大肠杆菌 DH5α。重组质粒经酶切验证表明成功获得 1301-cEYFP-LeCIPK23m-ter 双分子荧光互补载体（见图9）。将验证正确的 1301-cEYFP-LeCIPK23m-ter 重组质粒转化至根癌农杆菌 GV3101。

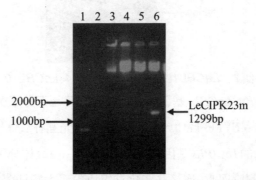

图9　pCAMBIA-1301-cEYFP-LeCIPK23m-ter重组质粒酶切验证

3.3.3　1301-nEYFP-LeCBLs-ter双分子荧光互补载体构建

将验证正确的 *LeCBLs* 基因与 1301-nEYFP-ter 载体分别用合适的限制性内切酶酶切，回收，连接并转化重组质粒至大肠杆菌 DH5α。重组质粒经酶切验证表明连接成功，获得携带目标基因的双分子荧光互补载体 1301-nEYFP-LeCBL1-ter、1301-nEYFP-LeCBL3-ter、1301-nEYFP-LeCBL4-ter 及 pCAMBIA-1301-nEYFP-LeCBL10-ter。将验证正确的 1301-nEYFP-LeCBLs-ter 重组质粒转化至根癌农杆菌 GV3101。

（点评：对每一个构建和克隆均有验证，确保实验结果正确。）

3.4　改造后双分子荧光互补载体的功能验证

为了验证所改造的载体能否正常工作，构建了阳性与阴性对照。在拟南芥中发现，AtCBL1 可与 AtCIPK23 产生较强互作，基于互作相似性的推测，以 LeCBL1 与 LeCIPK23 作为阳性对照。同时，以缺失 NAF 结构域的 LeCIPK23m 与 LeCBL1 作为阴性对照，排除互补验证中假阳性产生的可能。

将 1301-nEYFP-LeCBL1-ter-GV3101 分别与 1301-cEYFP-LeCIPK23-

ter-GV3101、1301-cEYFP-LeCIPK23m-ter-GV3101以1∶1的比例混合,注射入本氏烟幼苗,光照培养箱中培养3d,激光共聚焦显微镜下检测荧光产生情况。阳性对照组能够较容易地观察到荧光现象(见图10A$_1$～A$_3$),说明二者可发生互作,证明我们所构建的BiFC操作平台可正常工作;阴性对照组很难观察到荧光(见图10B$_1$～B$_3$),表明LeCBL1与LeCIPK23m不发生互作。所以改造后的载体完全可用于蛋白互作的研究。此外,在构建载体的过程中,所用酶皆为常见工具酶,构建过程简单、效率高,完全达到预期目标。

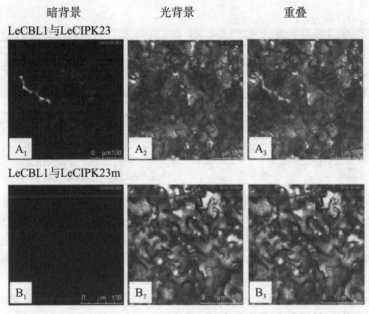

图10　LeCBLs与LeCIPKs蛋白互作激光共聚焦显微镜观察1

3.5　通过改造的双分子荧光互补操作平台研究番茄CBLs-CIPKs互作

在拟南芥中,AtCBL1与AtCIPK23通过互作能激活钾离子通道,增强对钾的吸收。然而,序列与AtCBL1、AtCIPK23相似性最高的LeCBL1、LeCIPK23仅产生轻微的互作(视野中出现频率低,荧光强度弱,见图10中组A)。实验证据说明,在番茄中,LeCBL1与LeCIPK23可能不互作或互作强度弱,对钾离子吸收的调控并非由二者互作完成,很可能通过LeCBL1或LeCIPK23与其他CIPK或CBL互作。这一结果说明,以往认为的相似性最高的CBL或CIPK具有相同功能的这一假设可能并非完全正确,因此,这就需要对每个物种中CBL与CIPK的功能进行详尽的研究，以充分揭示他们的作用机制。

在对现有的CBL与CIPK互作研究中发现，LeCBL3与LeCIPK3或LeCIPK8产生非常强的荧光（见图11中组C、D），说明番茄体内LeCBL3可分别与LeCIPK3或LeCIPK8产生互作，可能调控了相同或者不同的生物学功能。此外，由图11中组G、H发现，LeCBL4或LeCIPK8和LeCBL10或LeCIPK24均产生强烈互作，说明它们可能调控了其他的生物学功能。

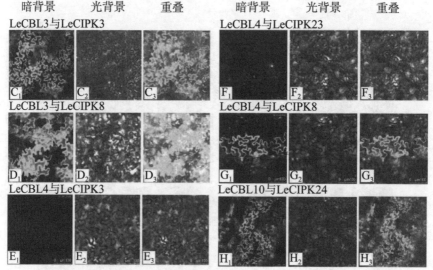

图11　LeCBLs与LeCIPKs蛋白互作激光共聚焦显微镜观察2
（**点评**：所有的图均有清晰的图注，但一些图过于累赘，可少量删减。）

而LeCBL4与LeCIPK3、LeCBL4与LeCIPK23处理组产生的荧光较弱（见图11中组E、F），表明它们之间的互作能力相对较弱，在体内可能不互作，不具有调控植物生理功能的作用。

通过对番茄中7个CBL-CIPK组合的互作研究，我们发现与预期并非完全一致的结果，说明番茄中CBL-CIPK功能可能与拟南芥存在差异，为进一步阐明番茄CBL-CIPK功能提供了理论基础，使我们能够更加有目的地去开展相应基因的功能研究。

此外，相较于LeCBL3与LeCIPK3或LeCIPK8、LeCBL4与LeCIPK8、LeCBL10与LeCIPK24能产生较强的荧光，LeCBL1与LeCIPK23产生较弱的

荧光,并非是由载体不同或实验误差所致。拟南芥 AtCBL1 与 AtCIPK23 互作可激活钾离子通道[7],但 LeCBL1 与 LeCIPK23 互作很弱,与预期的研究结果不同,表明番茄中 CBLs 与 CIPKs 的互作并非与拟南芥完全相同,可能调控了不同的抗逆反应,有必要进一步开展番茄 CBLs 与 CIPKs 的功能研究。

（点评:在整个结果中,描述了成功完成预期目标后的结果,并且简述了与预期的差异及可能的原因。）

4. 结束语

本实验主要是对原有的 BiFC 载体进行改造,以及应用改造后的载体研究番茄 CBLs 与 CIPKs 的互作情况。实验中用于改造的骨架载体是双元表达载体 1301。该载体具有拷贝数目高、易于分离纯化、含双 CaMV 35S 启动子等优点。但该载体多克隆位点后无终止子,因此,我们首先从原有的 BiFC 载体上克隆 CaMV 35S 终止子序列,插入 1301,得到携带终止子序列的 1301-ter 载体。

原有的 BiFC 载体能够较好地反映 2 个蛋白间的互作情况,但该载体使用了一些稀有的限制性内切酶,这些酶除价格昂贵之外,酶切效率也较低,增加了靶基因克隆的难度。针对这种情况,我们首先去掉 1301-ter 载体中部分与双分子互补载体重复的酶切位点（如 *Bam* H I 、*Sma* I 、*Kpn* I 和 *Sac* I 等）,再将 cEYFP 盒和 nEYFP 盒分别克隆到消除部分酶切位点的 1301-ter 载体,获得 1301-nEYFP-ter 和 1301-cEYFP-ter 的 BiFC 操作平台。改造后的 BiFC 操作平台消除了原载体上的稀有酶切位点,可使用实验室常规使用的一些限制性内切酶。这些常规内切酶价格低廉,酶切效率高,大大降低了实验成本,便于后续的连接实验,为后续目的基因的插入提供了便利;不需要连接到中间载体过渡,简化了整个实验过程,提高了实验效率。

植物 CBL-CIPK 信号系统参与了广泛的抗逆反应,介导的信号系统复杂多样,在内部途径与其他信号途径之间起着复杂的交叉转导作用。目前研究主要集中于拟南芥、水稻等模式植物[5,13]。因此,开展更多的 CBL-CIPK 介导的钙依赖信号途径中的基因克隆与鉴定、蛋白质互作、上下游事件的解析等一系列研究非常重要。我们从番茄中克隆了 *LeCIPK3*、*LeCIPK8*、*LeCIPK23*、*LeCIPK24*、*LeCBL1*、*LeCBL3*、*LeCBL4* 和 *LeCBL10* 共8个基因全长，以及突变缺失 NAF 结构域的 *LeCIPK23m*（阴性对照），分别插入改造后的 BiFC 载体，通过瞬时表达，研究这些蛋白间的互作情况。实验结果表明，我们改造后的 BiFC 操作平台能够检测到蛋白间的互作，也未产生假阳性，可以用于蛋白间互作分析。此外，载体构建简便，降低了费用，简化了实验步骤。通过对番茄中 CBL-CIPK 互作研究发现，它们的互作可能不同于拟南芥，这暗示了这些 CBL-CIPK 在番茄中可能具有特殊的功能，为后续研究奠定了基础。

通过近5个月的实验，除了完成 BiFC 载体的改造，8个基因的克隆、载体构建、瞬时表达以外，我们自身也收获颇多。在实验过程中，我们收获了宝贵的知识和实验技巧。在反复的实验、总结、再实验的循环中，我们养成了勤于思考、勤于总结的科研习惯。我们小队在实验过程中最常做的事便是坐下来分享下今天实验过程中的经验与教训。在这样的讨论中，我们经常会发现彼此的问题，并及时纠正，这也是我们后半程实验有效开展的主要原因。尽管实验结束了，但我们对于科学研究有了一个更加彻底且直观的认识，这将是我们小队每一位成员人生道路上的重要财富。

（**点评**：由于受生命科学竞赛论文格式要求的限制，此论文将结论和结果混在一起，造成不足。在撰写正式的期刊论文时，需要注意不能模仿此篇的行文格式。）

参考文献

［1］Brady S M, Provart N J. Web-queryable large-scaledata sets for hypothesis generation in plant biology［J］. Plant Cell,2009,21:1034-1051.

［2］Cardullo R A. Theoretical principles and practical considerations for fluorescence resonance energy transfer microscopy［J］.Methods Cell Biol,2007, 81:479-494.

［3］Xu X, Soutto M, Xie Q, et al. Imaging protein interactions with bioluminescence resonance energy transfer（BRET）in plant and mammalian cells and tissues[J]. Proc Natl Acad Sci,2007,104:10264-10269.

[4] Citovsky V,Lee L Y,Vyas S,et al.Subcellular localization of interacting proteins by bimolecular fluorescence complementation in planta[J].J Mol Biol, 2006, 362:1120-1131.

[5] Mahajan S,Sopory S K,Tuteja N.Cloning and characterization of CBL-CIPK signaling components from a legume (*Pisum sativum*)[J].FEBS J,2006, 273:907-925.

[6] Fuglsang A T,Guo Y,Cuin T A,et al.Arabidopsis protein kinase PKS5 inhibits the plasma membrane H^+-ATPase by preventing interaction with 14-3-3 protein[J]. Plant Cell, 2007, 19:1617-1634.

[7] Xu J, Li H D, Chen L Q, et al. A protein kinase, interacting with two calcineurin B-like proteins, regulates K^+ transporter AKT1 in *Arabidopsis*[J]. Cell, 2006, 125:1347-1360.

[8] Yang J Y, Reth M. Oligomeric organization of the B-cell antigen receptor on resting cells[J]. Nature, 2010, 467:465-469.

[9] Liu J X, Howell S H. bZIP28 and NF-Y transcription factors are activated by ER stress and assemble into a transcriptional complex to regulate stress response genes in *Arabidopsis*[J]. Plant Cell, 2010, 22:782-796.

[10] Bandyopadhyay A, Kopperud K, Anderson G, et al. An integrated protein localization and interaction map for *Potato yellow dwarf virus*, type species of the genus *Nucleorhabdovirus*[J]. Virol, 2010, 402:61-71.

[11] Tsuchiya T, Eulgem T. The Arabidopsis defense component EDM2 affects the floral transition in an FLC-dependent manner[J]. Plant J,2010,62: 518-528.

[12] 王长春.番茄*Cf-4*和*Cf-9*基因介导的过敏性反应调控及基因沉默技术的研究[D]. 杭州:浙江大学,2005:48-60.

[13] Kolukisaoglu U, Weinl S, Blazevic D, et al. Calcium sensors and their interacting protein kinases:genomics of the Arabidopsis and rice CBL-CIPK signaling networks[J]. Plant Physiol, 2004, 134:43-58.

走进生命科学
竞赛篇

第四节

实验记录*

浙江省第六届大学生生命科学学科竞赛 实验记录 序号：76

实验时间：8月1日 8:00 — 22:00 请勿透露学校、教师和个人信息

实验内容：

1. 东亚飞蝗的观察。

昨天处理的东亚飞蝗中，有5只死亡。

蝗虫微孢子虫1.25×10⁶个/mL 重复1   1只雄虫死亡

蝗虫微孢子虫1.25×10⁶个/mL 重复3   1只雄虫死亡

蝗虫微孢子虫5×10⁶个/mL 重复1   1只雄虫死亡

蝗虫微孢子虫5×10⁶个/mL 重复3   1只雄虫死亡

蝗虫微孢子虫2×10⁶个/mL 重复3   1只雌虫死亡

今日羽化出东亚飞蝗共142只，其中雄蝗虫85只，雌蝗虫57只。

2. 东亚飞蝗的处理。

①从今日羽化的东亚飞蝗中随机取出15只雌蝗虫和15只雄蝗虫，平均分成3组，每组3对。

②称量新鲜小麦苗，每份5克，共称3份。

③用超纯水分别处理三份小麦苗。

④用③中处理过的新鲜小麦苗分别饲喂①中的三组蝗虫，从而得到一个空白对照组，对照组具有三个重复。

3. 小麦种植：早上9点浸泡小麦种子，下午2点种植小麦。

4. 饲喂蝗虫：喂东亚飞蝗适量新鲜小麦苗两次，分别为早上9点和下午2点。

5. 今日温度和湿度：温度：34℃；湿度：93%。

（**点评**：将每天的实验过程记录详尽并上传。）

---

*编者按：此部分内容为参赛实验记录的影印稿，虽存在较多编校差错，但编辑结合文意，认为应保留其原样，故未作修改。

浙江省第六届大学生生命科学学科竞赛　实验记录　序号：＿＿**77**＿＿

实验时间：＿**8**＿月＿**1**＿日＿**8:00**＿－＿**20:00**＿　　请勿透露学校、教师和个人信息

实验内容：

1. 观察预实验组的东亚飞蝗产卵的情况，具体过程如下图所示：

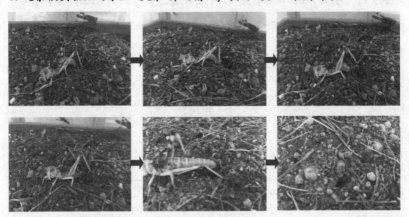

2. 取出养虫笼中的周转箱，检查土中是否有卵块，记录数据：预实验组中的东亚飞蝗发现卵块。（如下图所示）

3. 将蝗卵放于土中进行孵化。

　（**点评**：对一些实验操作进行清晰的记录。）

浙江省第六届大学生生命科学学科竞赛　实验记录　序号：**79（a）**

实验时间：__8__月__2__日__13:00__－__18:00__　　请勿透露学校、教师和个人信息

实验内容：

用于观察东亚飞蝗后代的那批蝗虫（7月28日进行整合的）已经开始产卵。

1. **取卵块**：将装满土的周转箱从养虫笼中取出，用软毛笔刷去土，小心取出卵囊。

2. **卵块的计数：**

组别	卵块数
蝗虫微孢子虫2×10^7个/ml	4个（破损）
蝗虫微孢子虫5×10^6个/ml	3个（破损）
蝗虫微孢子虫1.25×10^6个/ml	2个（破损）
藤黄微球菌	5个（3个完整，2个破损）
超纯水	6个（破损）

3. **卵块的称重：**

1）　清水浸泡卵块（图-1）

图-1　　　　　　　　　　　图-2

2）用毛笔小心地把卵块外的泥土清除掉（图-2）

（**点评**：如实记录信息，保存最初的信息。）

浙江省第六届大学生生命科学学科竞赛 实验记录 序号：____11____

实验时间：__7__月__7__日 __13:30__ − ____17:00____ 请勿透露学校、教师和个人信息

在建立小鼠胫骨癌痛模型的前 3-4 天，连续每天对小鼠进行痛行为学测定。

实验内容：

斜板实验：把小鼠横放置于斜板上，与斜板长轴垂直。如果小鼠能够保持其身体平衡 5 s，则斜板的度数加大 2°，记录直到小鼠不能维持其身体的平衡的最大度数。

YLS-21A 冷热板测痛仪测定热痛缩足潜伏期（PWTL）：将 YLS-21A 冷热板测痛仪调节温度至 55℃，待仪器稳定 10min。将小鼠置于热板上，测定各组小鼠的正常痛反应（舔后足或抬起后足并回头）时间，每只小鼠检测 3 次，取其平均值。

YLS-12A 鼠尾光照测痛仪观察小鼠热痛觉过敏情况：设置 YLS-12A 鼠尾光照测痛仪的光功率值为 30W，将装有小鼠的固定筒架安放在仪器顶面上，调整其位置使鼠尾尖在尾尖定位线上，鼠尾摆放在光电控制探头中间，按下开始键，当鼠尾摆动时光电开关自动关闭光源，停止计时，记录数据。每只小鼠检测 3 次，取其平均值。

以下是实验结果：

一、斜板实验

把小鼠横放置于斜板上，与斜板长轴垂直。如果小鼠能够保持其身体平衡 5s，则斜板的度数加大 2°，记录直到小鼠不能维持其身体的平衡的最大度数。

	1 号	2 号	3 号	4 号
正常组	32°	40°	32°	
生理盐水组	32°	32°	32°	
高乌甲素组	42°	40°	40°	42°
拮抗剂 SR140333 组	42°	42°	40°	40°
拮抗剂 SR48968 组	40°	42°	40°	50°

二、热板实验

将小鼠置于 55℃热板上，测定各组小鼠的正常痛反应（舔后足或抬起后足并回头）时间，每只小鼠检测 3 次，取其平均值。

走进生命科学——竞赛篇

浙江省第六届大学生生命科学学科竞赛　实验记录　　序号：___12___

实验时间：__7__月__7__日___13:30___－___17:00___　　　请勿透露学校、教师和个人信息

正常组：

	1号	2号	3号
第1次	7.5s	11.8s	12.4s
第2次	7.9s	13.7s	11.5s
第3次	8.1s	10.9s	13.5s
平均值	7.83s	12.13s	12.47s

生理盐水组：

	1号	2号	3号
第1次	7.3s	9.3s	25.7s
第2次	6.6s	10.3s	26.2s
第3次	5.2s	8.7s	27.5s
平均值	6.37s	9.43s	26.47s

高乌甲素组：

	1号	2号	3号	4号
第1次	8.2s	9.0s	14.8s	5.3s
第2次	7.8s	11.6s	13.2s	5.5s
第3次	9.8s	16.3s	11.7s	5.9s
平均值	8.60s	12.30s	13.23s	5.57s

拮抗剂SR140333组：

	1号	2号	3号	4号
第1次	8.9s	8.0s	8.0s	9.2s
第2次	8.9s	7.2s	8.1s	11.4s
第3次	8.0s	7.1s	7.8s	9.8s
平均值	8.60s	7.43s	7.97s	10.13s

浙江省第六届大学生生命科学学科竞赛　实验记录　　序号：___13___

实验时间：__7__月__7__日___13:30___ － ___17:00___　　请勿透露学校、教师和个人信息

拮抗剂 SR48968 组：

	1 号	2 号	3 号	4 号
第 1 次	18.6s	6.5s	7.1s	11.5s
第 2 次	24.9s	8.6s	5.3s	10.2s
第 3 次	22.8s	7.8s	8.4s	10.3s
平均值	22.10s	7.63s	6.93s	10.67s

三、鼠尾光照测痛

将装有小鼠的固定筒架安放仪器顶面上，测定小鼠在光功率值为 30W 下的甩尾时间。每只小鼠检测 3 次，取其平均值。

正常组：

	1 号	2 号	3 号
第 1 次	4.56s	5.26s	6.52s
第 2 次	4.53s	5.40s	5.53s
第 3 次	4.92s	6.32s	6.37s
平均值	4.67s	5.66s	6.14s

生理盐水组：

	1 号	2 号	3 号
第 1 次	5.40s	4.79s	5.84s
第 2 次	6.12s	4.83s	5.82s
第 3 次	5.20s	4.76s	4.80s
平均值	5.57s	4.79s	5.49s

高乌甲素组：

	1 号	2 号	3 号	4 号
第 1 次	4.54s	4.29s	5.62s	6.04s
第 2 次	5.34s	5.00s	4.80s	6.92s
第 3 次	5.09s	4.20s	4.52s	5.22s
平均值	4.99s	4.50s	4.98s	6.06s

（**点评**：精确记录大量数据，用于评估药物效果。）

浙江省第七届大学生生命科学学科竞赛　实验记录　序号：　**23**

实验时间：__8__月__6__日__8：00__－__12：00__　　　请勿透露学校、教师和个人信息

实验二十三　肝脏中丙二醛(MDA)含量的测定

1、实验目的

通过测定肝脏中 MDA 含量，一定程度上衡量肝脏氧化应激水平。与抗氧化能力和解偶联蛋白(UCP)相联系，验证机体自身的抗氧化酶防御系统和解偶联蛋白在能量代谢效率上的作用以及对氧化应激的缓解作用，从而探究限食和热暴露对黑线仓鼠氧化应激的影响。

2、实验原理

肝脏是黑线仓鼠体内最大的代谢器官，测定其中的氧化应激水平和抗氧化能力具有一定的意义。

测定丙二醛(MDA)含量的原理是：过氧化脂质降解产物中的丙二醛（MDA）可与硫代巴比妥酸(TBA)缩合，形成红色产物，在 532nm 处有最大的吸收峰。因底物硫代巴比妥酸(TBA)为所以又称 TBA 法。

3、实验材料

3.1 材料：10%肝脏匀浆液

3.2 器材：丙二醛(MDA)试剂盒(南京建成生物工程研究所生产，规格：100 管/96 样)

水浴锅，磁力加热搅拌器，漩涡混匀器，通风橱，离心机，保鲜膜，分光光度计

移液枪（dragon-lab；量程：20-200μl、100-1000μl、1000-5000μl）

棕色瓶，100ml 量筒，5ml 离心管，离心管架，石英比色皿(光径：1cm)，废液缸

3.3 试剂：无水乙醇，冰醋酸，双蒸水

4、实验步骤

①前期准备工作：

水浴加热试剂一。制备 50%冰醋酸。

制备试剂二应用液：12ml 的试剂二加入 340ml 双蒸水混匀，4℃冷藏。

制备试剂三应用液：将 1 支试剂三粉剂加入到 60ml 90℃-100℃的热双蒸水中，充分溶解后用双蒸水补足至 60ml 再加 60ml 冰醋酸，混匀，避光冷藏。

浙江省第七届大学生生命科学学科竞赛 实验记录 序号：___23___

实验时间：__8__月__6__日__8：00__ － __12：00__　　　请勿透露学校、教师和个人信息

②操作步骤如下表：

表 23-1 MDA 试剂盒操作表

	空白管	标准管	测定管	对照管
10mol/ml 标准品(ml)		0.1		
无水乙醇(ml)	0.1			
测试样品(ml)			0.1	0.1
试剂一(ml)	0.1	0.1	0.1	0.1
混匀（摇动几下试管架）				
试剂二应用液(ml)	1.5	1.5	1.5	1.5
试剂三应用液(ml)	0.5	0.5	0.5	
50%冰醋酸(ml)				0.5

③漩涡混匀器混匀，试管口用保险薄膜扎紧，用针头刺一个小孔，95℃水浴 40min，取出后流水冷却，然后 3500-4000r/min，离心 10min，取上清液，532nm 处，1cm 光径，双蒸水调零，测各管吸光度。

5、实验结果

表 23-2 各样品 MDA 含量测定吸光度值

第一批 组别	ID2	测定	对照	测定-对照
21℃-con	1	0.111	0.036	0.075
21℃-con	2	0.105	0.047	0.058
21℃-con	3	0.116	0.018	0.098
21℃-con	4	0.125	0.02	0.105
21℃-con	average	0.114	0.030	0.084
21℃-80%FR	11	0.137	0.029	0.108
21℃-80%FR	12	0.162	0.06	0.102
21℃-80%FR	13	0.139	0.026	0.113
21℃-80%FR	14	0.135	0.027	0.108
21℃-80%FR	average	0.143	0.036	0.108
30℃-con	21	0.116	0.021	0.095
30℃-con	22	0.158	0.013	0.145
30℃-con	23	0.125	0.012	0.113
30℃-con	24	0.094	0.017	0.077
30℃-con	average	0.123	0.016	0.108
30℃-80%FR	31	0.15	0.09	0.06
30℃-80%FR	32	0.156	0.033	0.123
30℃-80%FR	33	0.123	0.018	0.105
30℃-80%FR	34	0.12	0.038	0.082
30℃-80%FR	average	0.137	0.045	0.093
空白		0.006	标准	0.134

走进生命科学

竞赛篇

浙江省第七届大学生生命科学学科竞赛　实验记录　序号：___23___

实验时间：__8__月__6__日__8：00__—__12：00__　　　请勿透露学校、教师和个人信息

第二批				
21℃-con	5	0.104	0.026	0.078
21℃-con	6	0.109	0.024	0.085
21℃-con	7	0.104	0.022	0.082
21℃-con	average	0.106	0.024	0.082
21℃-80%FR	15	0.16	0.037	0.123
21℃-80%FR	16	0.14	0.028	0.112
21℃-80%FR	17	0.146	0.046	0.1
21℃-80%FR	average	0.149	0.037	0.112
30℃-con	25	0.119	0.031	0.088
30℃-con	26	0.127	0.025	0.102
30℃-con	27	0.116	0.029	0.087
30℃-con	average	0.121	0.028	0.092
30℃-80%FR	35	0.134	0.033	0.101
30℃-80%FR	36	0.126	0.03	0.096
30℃-80%FR	37	0.121	0.029	0.092
30℃-con	average	0.127	0.031	0.096

表 23-3 各样品 MDA 含量测定吸光度值汇总表

组别	ID2	OD$_{测定}$	OD$_{对照}$	OD$_{测定}$-OD$_{对照}$
21℃-con	1	0.111	0.036	0.075
21℃-con	2	0.105	0.047	0.058
21℃-con	3	0.116	0.018	0.098
21℃-con	4	0.125	0.02	0.105
21℃-con	5	0.104	0.026	0.078
21℃-con	6	0.109	0.024	0.085
21℃-con	7	0.104	0.022	0.082
21℃-con	average	0.111	0.028	0.083
21℃-80%FR	11	0.137	0.029	0.108
21℃-80%FR	12	0.162	0.06	0.102
21℃-80%FR	13	0.139	0.026	0.113
21℃-80%FR	14	0.135	0.027	0.108
21℃-80%FR	15	0.16	0.037	0.123
21℃-80%FR	16	0.14	0.028	0.112
21℃-80%FR	17	0.146	0.046	0.1
21℃-80%FR	average	0.146	0.036	0.109
30℃-con	21	0.116	0.021	0.095
30℃-con	22	0.158	0.013	0.145
30℃-con	23	0.125	0.012	0.113
30℃-con	24	0.094	0.017	0.077

浙江省第七届大学生生命科学学科竞赛　实验记录　序号：__23__

实验时间：_8_ 月 _6_ 日_8：00_　－　_12：00_　　　　请勿透露学校、教师和个人信息

30℃-con	25	0.119	0.031	0.088
30℃-con	26	0.127	0.025	0.102
30℃-con	27	0.116	0.029	0.087
30℃-con	average	0.122	0.021	0.101
30℃-80%FR	31	0.15	0.09	0.06
30℃-80%FR	32	0.156	0.033	0.123
30℃-80%FR	33	0.123	0.018	0.105
30℃-80%FR	34	0.12	0.038	0.082
30℃-80%FR	35	0.134	0.033	0.101
30℃-80%FR	36	0.126	0.03	0.096
30℃-80%FR	37	0.121	0.029	0.092
30℃-80%FR	average	0.133	0.039	0.094

注：空白管吸光度值（OD）为 0.006，标准管吸光度值（OD）为 0.134。

6、讨论与分析

由于实验操作较为烦琐，所以将样品分为两批，分批进行测定。结果表明批间差较小。对原始数据进行汇总后发现，21℃-con 组的 OD $_{测定}$-OD $_{对照}$ 值较其它三组较小。由于没有提供各样本的蛋白浓度数据，实验结果还不能断定。

现象：从 95℃水浴中拿出来后，溶液中出现絮状沉淀，溶液呈粉红色或橘红色。离心后应用枪头吸取上清，防止吸入絮状沉淀影响吸光度值。

7、注意事项

1.50%冰醋酸以及试剂三应用液的制备应在通风橱内进行，这两者具有刺鼻的气味，实验过程中注意实验室的通风或戴上口罩。

2.从 95℃水浴中拿出来后，溶液中出现絮状沉淀，不应倒取上清，而应吸取上清。

3.在取匀浆液作为样本，进行测定前，需要摇匀匀浆液，使匀浆液上下浓度一致，以便所取样本具有代表性，数据具有重现性。测定各管分光度值时，也应提前混匀。

4.吸取液体时一定要缓慢平稳地松开拇指，不允许突然松开，以防将溶液吸入过快而冲入取液器内腐蚀柱塞而造成漏气，减短移液枪的寿命。

5.分光光度计应提前打开预热，预热 30min 以后才能保证数据的可靠性。

6.分光光度计应提前打开预热，预热 30min 以后才能保证数据的可靠性。

7.各种电子仪器设备用完后应及时关闭。

8.试剂盒用完后相应的试剂应放回盒内，4℃下保存。

（**点评**：在测试过程中，考虑到了可能出现误差的地方，同时对一些操作失误之处进行自我检讨，防止出现重复错误。）